II

LICHENS

DE L'EST DE LA CORSE

par

Jacques MAHEU

et

Abel GILLET

DIJON

IMPRIMERIE Ve P. BERTHIER

12, rue Berbisey, 12

1926

LÉGENDES

PLANCHE I. — 1. Fragment de rosette de *Parmelia Gentyi*, n° 63, et sorédie, MAH. et GILL. (gross. 40 diam.). — 2. *Pertusaria pustulata*, Var. : *parmelicola*, MAH. et GILL., n° 191, thèque naissante et spores. — 3. *Lecanora fuscorubescens*, MAH. et GILL., n° 147, thèque, paraphyse, spores. — 4. *Aspicilia epulotica*, ACH., n° 169, thèque et spores. — 5. *Caloplaca granulopalla*, MAH. et GILL., n° 117, thèque et spores. — 6. *Toninia glomerans*, BOIST, n° 254, thèque, paraphyse, spores. — 7. *Lecanora fuscescens*, SMRF., n° 140, spores, thèque. — 8. *Squamaria chrysoleuca*, var. : *ecrustacea*, MAH. et GILL., n° 100, thèque, paraphyse, gonidies, spores. — 9. Coupe de l'apothécie de *Pannaria tetraspora*, MAH. et GILL. (gross. 110 diam.), n° 93. Sur les deux faces, hyples presque horizontaux et entrelacés ; entre les glomérules de gonidies, ils sont fastigiés. Dans la partie supérieure du perithéce les hyples horizontaux montent verticalement pour former la marge le long du bord de l'*hymenium*. — 10. Thèque, spores, paraphyse de *Pannaria tetraspora*, MAH. et GILL. (gross. 300 diam.). — 11. *Diplotoma porphyricum*, ARN. n° 261, spores et paraphyses.

(Partout où les grossissements ne sont pas indiqués ils correspondent à 600 diam.)

PLANCHE II. — 1. *Lecidea brachyspora*, TH.-FR., n° 225. — 2. *Lecidea cœrulea*, MASS., n° 240. — 3. *Lecidea elata*, var. *formata* MAH. et GILL., n° 215; 4. *Lecidea fuscoatrata*, NYL., n° 232; 5. *Buellia leptoclinis*, var. : *inarimensis*, JATTA, n° 256. — 6. *Verrucaria Beltraminiana*, MASS., n° 272. — 7. *Biatorina concreta*, MASS., n° 245. — 8. *Rinodina Beccariana*, BGL., n° 180. — 9. *Lecidea atroturida*, NYL., n° 231. — 10. *Buellia triphragmia*, NYL., n° 258 (gross. 300 diam.). — 11. *Biatorella pinicola*, TH. GV., n° 244. — 12. *Lecidea cœrulea* (spores), MASS., n° 240. — 13. *Biatora stiriaca*, MASS., n° 209. — 14. *Buellia subbadia*, ANZI., n° 258 bis. — 15. *Rinodina albana*, MASS., n° 178.

(Tous les gross. 600 diam. sauf le n° 10).

PLANCHE III. — 1. *Rhizocarpon geographicum*, var. *concavum*, MAH. et GILL., alvéoles concaves et apothécies, n° 262. — 2. *Id.*, spores. — 3. *Verrucaria castaneorubra*, MAH. et GILL., spores, n° 285. — 4. *Verrucaria Harrimanni* (ACH.), KRB., thèque et spores, n° 284. — 5. *Polyblastia fissa*, TAYL., n° 298, thèque et spores. — 6. *Rhizocarpon leptolepis*, ANZI, n° 264, spores. — 7. *Rhizocarpon geminatum*, var. : *rufulum*. MAH. et GILL., spores, n° 269. — 8. *Polyblastia catalepta*, ACH, n° 297, thèque et spores. — 9. *Verrucaria nigrescens*, var. : *pseudocatalepta*, GAROV., n° 275, thèque et spores. — 10. *Verrucaria praerupta*, ANZI., var. : *schistosa*, MAH. et GILL., thèque et spores, n° 273.

(Tous les dessins à gross. 600 diam., sauf la figure 1 à 20 diam.)

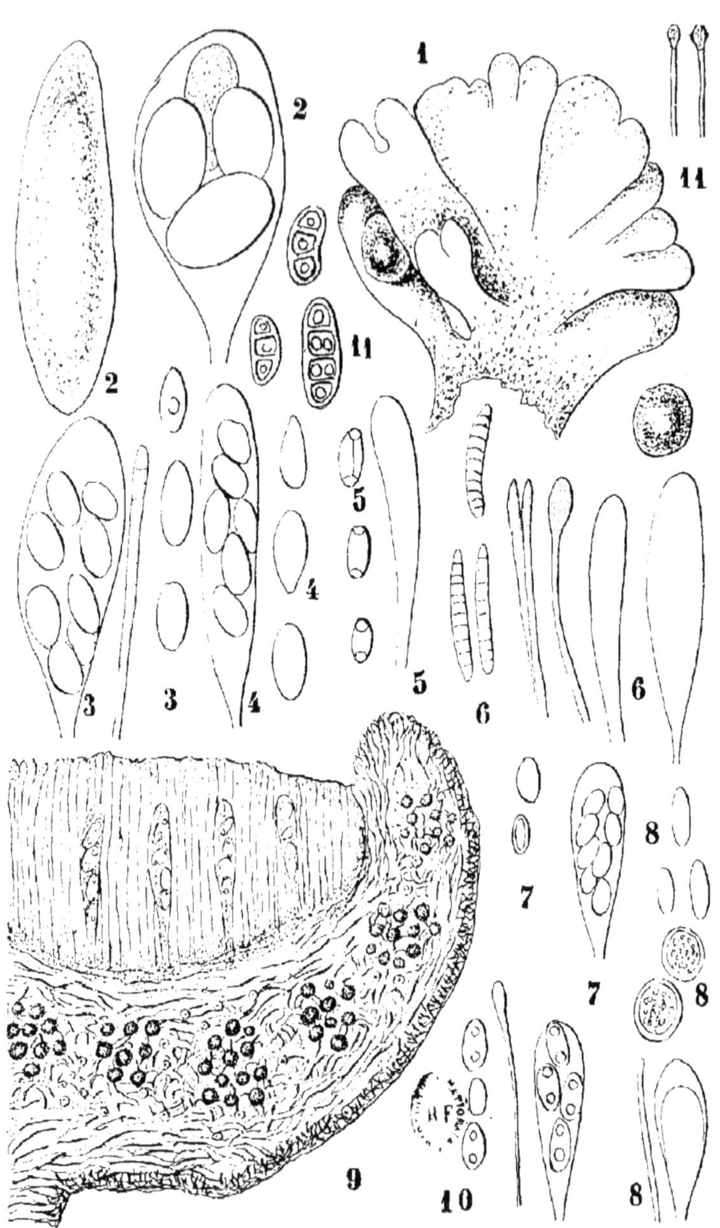

PLANCHE I

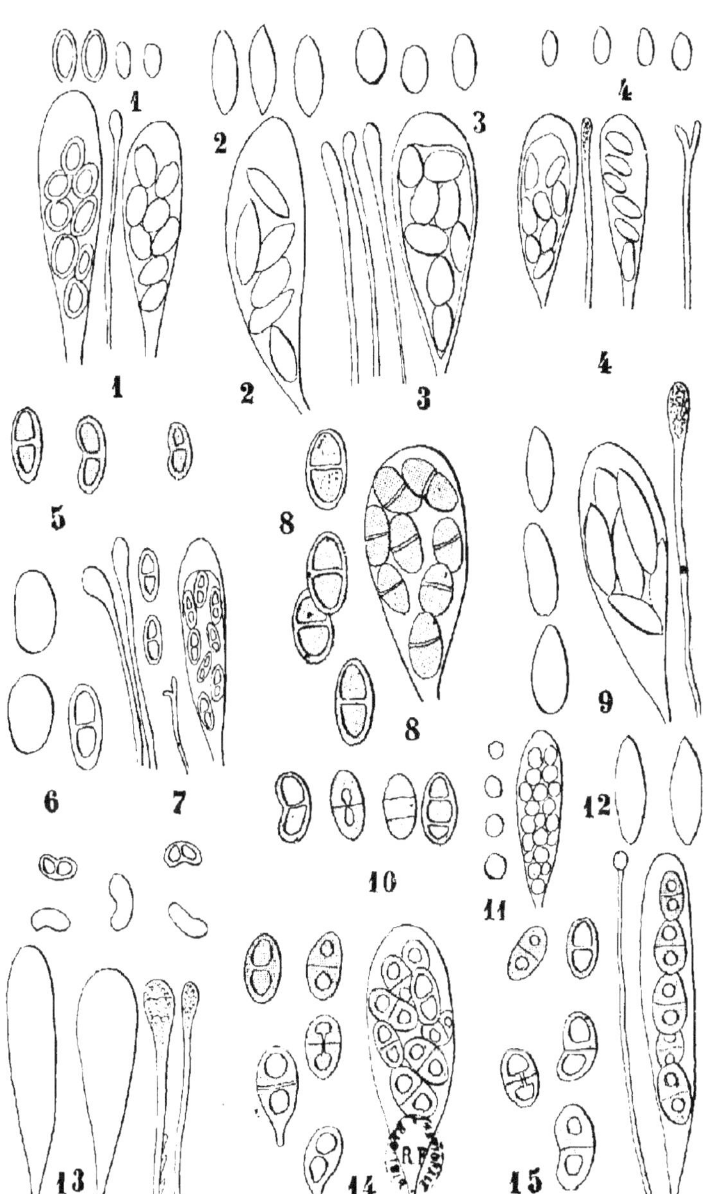

PLANCHE II

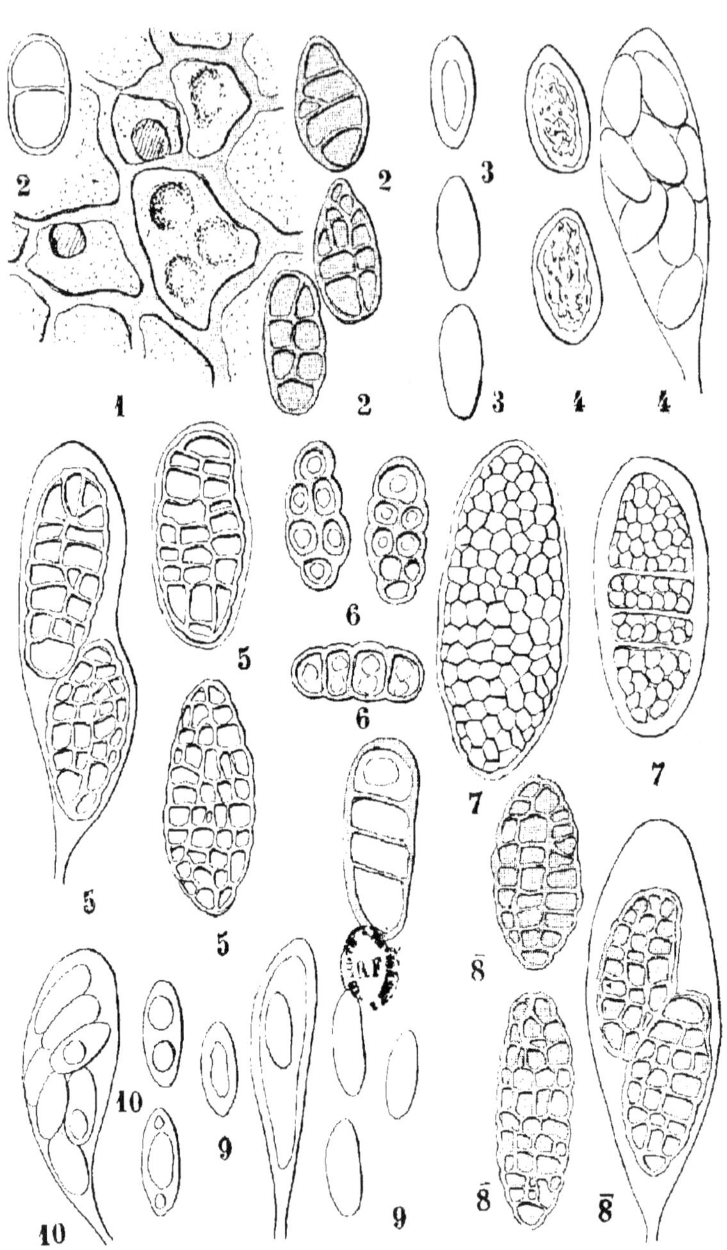

PLANCHE III

Lichens de l'Est de la Corse

PAR

MM. Jacques MAHEU et Abel GILLET

Le mémoire présenté aujourd'hui a pour but d'exposer le résultat des recherches entreprises sur un volumineux herbier de Lichens récoltés en Corse, et dont l'histoire est exposée plus loin, par M. P. Genty, directeur du Jardin Botanique de Dijon, qui voulut bien nous en confier l'étude.

Dans une note précédente parue au *Bulletin de la Société d'Histoire Naturelle d'Autun* (1), nous donnions le résultat des espèces récoltées durant le cours de plusieurs voyages d'exploration effectués en Corse.

Depuis la publication de notre travail, M. de Crozals a publié, lui aussi (2), le résultat de ses recherches, entreprises dans la région si intéressante de Vizzavona.

La présente étude apporte encore à l'histoire de la Lichénologie Corse, nombre de faits nouveaux. Nous avons rencontré un grand nombre d'espèces nouvelles pour l'ile et aussi quelques-unes nouvelles pour la science.

Comme dans le précédent mémoire publié, nous avons soigneusement indiqué les références bibliographiques et aussi la synonymie réduite aux données principales.

Pour chaque espèce ou variété citée, nous avons mentionné si

---

(1) Jacques MAHEU et Abel GILLET. « Les Lichens de l'Ouest de la Corse », Autun, 1911.

(2) André de CROZALS. « Florule lichénique des environs de Vizzavona (Corse) », *Ann. de la Soc. d'Hist. Nat. de Toulon*, 1923.

elle avait déjà paru dans notre précédent travail ou dans le mémoire postérieur de M. de Crozals.

Les abréviations sont réalisées comme suit : Jacques Maheu et Abel Gillet, « Lichens de l'Ouest de la Corse », *Bulletin de la Société d'Histoire Naturelle d'Autun*, 1914, se traduit par *Mah. et Gill., Ouest de la Corse;* André de Crozals, « Florule Lichénique des environs de Vizzavona (Corse) », *Annales de la Société d'Histoire Naturelle de Toulon*, 1923, se traduit par *de Crozals, Lich. Vizzav.*

Les lichens non signalés par nous en 1914 et qui figurent en même temps dans le présent travail et dans le mémoire de M. de Crozals, sont marqués de deux astérisques (**); ceux, au contraire, qui sont réellement nouveaux pour la Flore de la Corse, ne sont précédés que d'un seul astérisque (*).

Avant d'exposer le résultat de nos recherches, nous laissons à M. Genty lui-même le soin d'indiquer l'origine des collections soumises à notre étude.

La partie de l'île où ont été récoltés les échantillons comprend l'espace limité entre Calacuccia (alt. 847 m.); le lac Nino, au pied du m^te Artica, où prend sa source la rivière Tavignano qui bientôt arrose Corte; la partie supérieure du Fleuve Golo, le plus grand cours d'eau de la Corse, de 75 km. de long, qui prend sa source non loin du m^te Paglia Orba; l'Erco, cours d'eau torrentiel, tributaire du Golo, qui descend du Capo Teri Corscia (alt. 2103 m.), (près du m^te Cinto) ligne de faîte et se jette dans le fleuve à une altitude qui tombe très rapidement à 680 mètres. à proximité de Corscia, bâti dans la montagne (alt. 888 m.). L'exploration a donc été faite dans la partie la plus accidentée de l'île et à de hautes altitudes.

HISTOIRE

de la

Collection des Lichens

du Conservatoire de Botanique de Dijon

recueillie en Corse en juillet 1914

par H. ZSCHACKE

« Au moment où les hostilités éclatèrent entre la France et les pays germaniques, dans les premiers jours du mois d'août 1914, un botaniste allemand du nom d'Hermann Zschacke, de Bernbürg (Prusse), effectuait un voyage d'exploration, principalement lichénologique, dans la partie orientale de la Corse.

Ce botaniste n'était autre, croyons-nous, que le lichénologue allemand de ce nom, bien connu par ses publications concernant notamment les *Verrucariacés* de l'Europe centrale ; ce qui nous incite à faire ce rapprochement, c'est que nous avons appris d'un lichénologue français, en relations botaniques avant la guerre avec ce naturaliste allemand, qu'il était en Corse au moment de la déclaration de guerre et qu'il avait été interné dans cette île pendant toute sa durée.

Il est profondément regrettable de constater que trop souvent ce sont des savants étrangers qui étudient et nous font connaître les richesses naturelles de nos possessions coloniales ou autres ; cette anomalie tient au désintéressement de nos gouvernants pour les sciences naturelles qu'ils n'encouragent pas par des subsides suffisants et il faut bien le dire aussi, à l'apathie trop fréquente de beaucoup de nos savants. N'est-ce pas le cas de rappeler cette phrase typique que prononçait dernièrement le célèbre professeur Calmette à propos des fameuses souscriptions pour les laboratoires : « Ce ne sont pas les laboratoires qui manquent en France, mais les cher- cheurs dans les laboratoires ». On ne pouvait mieux dire !

Après un séjour approximatif d'un mois dans cette partie de l'île, Zschacke avait déjà recueilli une importante collection Lichens et un petit herbier de plantes Phanérogames. Pour ne pas s'encombrer plus longtemps de ses précieuses récoltes, d'un transport difficile, il fit des lichens trois ballots cousus dans des toiles formant sacs, rangea ses plantes Phanérogames sèches dans une caissette et expédia le tout à destination de l'Allemagne, via Marseille. Les trois sacs de lichens étaient adressés à Elsa Zschacke, à Bernbürg, Allemagne ; la caissette contenant le petit herbier à Herrn Wilhelm Ebert, lehrer, Alexanderstrasse, 11, à Bernbürg également. Ces quatre colis, dont nous n'avons pu arriver à connaître le port expéditeur, arrivèrent à Marseille et prirent le chemin de l'Allemagne par la voie du P. L. M. ; mais arrivés en gare de Dijon, la déclaration de guerre les surprit et, conformément aux usages, ils furent interceptés, mis sous séquestre par ordre des autorités françaises et Monsieur P. Bellard, huissier, rue Piron, 17, à Dijon, en fut nommé séquestre, par ordonnance du Tribunal civil de cette ville.

Des premiers jours d'août 1914 au 5 décembre 1916, ces colis séquestrés restèrent en dépôt dans les magasins de la grande-vitesse de la gare principale de Dijon et ce n'est qu'à cette date que leur liquidation fut ordonnée.

C'est alors que M. Bellard, huissier-séquestre, désireux de connaître la valeur de ces colis, nous demanda, en qualité de Directeur du Jardin Botanique de Dijon, de vouloir bien les expertiser et en estimer la valeur.

Cette valeur étant presque nulle, aussi bien pour les lichens, en vrac, ni préparés, ni déterminés, et sans valeur marchande, que pour le petit herbier gravement détérioré par les souris qui y avaient rongé et niché pendant de longs mois, nous demandâmes donc à M. Bellard de vouloir bien suggérer au Tribunal civil, l'idée de faire abandon au Jardin Botanique de Dijon de la totalité de ces collections.

Grâce à l'appui éclairé de M. Bellard et à la bienveillante décision de M. le vice-président du tribunal (1), notre proposition fut favorablement accueillie et par une lettre en date du 4 décembre 1916, M. Bellard voulait bien nous informer que nous pouvions prendre possession au nom de la ville de Dijon, des quatre colis séquestrés et remisés à la gare.

Le 5 décembre 1916, nous prîmes donc livraison de ces colis et les jours suivants en effectuâmes un rapide dépouillement : la collection de plantes sèches gravement ravagée par les souris ne renfermait guère que des espèces vulgaires de la région méditerranéenne, à part un petit nombre d'échantillons d'espèces endémiques à la flore corse, mais peu rares, telles que *Aronicum Corsicum* D. C., *Alyssum Corsicum* Dub. etc..

Les lichens très nombreux étaient, comme nous l'avons dit, groupés dans trois sacs ; les échantillons enveloppés un à un dans un morceau de papier, au fur et à mesure de leur récolte, étaient réunis par jour et lieu de récolte dans une enveloppe générale, portant ordinairement, au crayon noir, une numérotation, une date de récolte et rarement une brève indication de localité ; par exemple, sur un sac collectif, on lisait : « 18 — 26, 7, 14 - Golo ».

Le chiffre 18 correspond vraisemblablement à un numéro d'ordre se référant à un carnet d'herborisations resté en possession du collecteur ; 26, 7, 14 signifient 26 juillet 1914, et « Golo » est le nom d'un cours d'eau de la Corse orientale (1).

N'ayant pu savoir, ni par l'examen minutieux des colis, ni par l'Administration des chemins de fer, qui ne put retrouver leur feuille de route, l'origine de ces colis qu'on croyait provenir d'une colonie, nous n'obtînmes la certitude qu'ils

---

(1) M. Chevrier, fervent naturaliste lui-même, auquel je suis heureux d'exprimer ici ma très sincère reconnaissance, ainsi qu'à M. Bellard. (P. G.).

venaient de Corse, que par l'examen des plantes Phanérogames dont les endémiques, que nous avons citées plus haut
révélaient clairement l'origine. Nous ajouterons qu'au cours
du dépouillement complet et minutieux, auquel nous nous
livrâmes par la suite, de cette collection, nous trouvâmes un
certain nombre d'indications, (enveloppes de lettres, jour-
naux, etc.), qui ne laissèrent aucun doute sur l'origine Corse
de toutes ces récoltes botaniques et sur l'identité de leur collecteur (1).

La flore lichénologique de la Corse étant encore très incom-
plètement connue, ces récoltes acquéraient, de ce fait, une
grande importance, malgré l'imprécision trop fréquente des
indications de lieu d'origine sur les divers échantillons dont
elles se composaient.

Mais avant d'en entreprendre l'étude pour la détermination
des espèces, un énorme travail matériel s'imposait : la préparation des échantillons, leur classement par provenances et
leur arrangement en collection. Nous dûmes consacrer une
grande partie de l'hiver de 1921 à 1922, à cette besogne dont
le résultat fut le groupement en 13 volumineux cartons de
0^{m}10 de dos, de tous les lichens formant cette collection, respectivement collés par espèces sur feuillets de carton mince
accompagnés chacun d'une étiquette reproduisant fidèlement
les brèves indications consignées par le collecteur, sur les sacs
d'emballage.

Comme ces indications d'une extrême importance n'ont pas
toujours été correctement lisibles, tous ces sacs ayant servi à
l'emballage des récoltes, de même que tous les autres docu-
ments concernant cette collection qui n'ont pu prendre place
dans l'herbier, tels que toiles d'emballages, caissette, etc. ont
été soigneusement conservés à part, de telle sorte qu'il soit

---

(1) Maheu et Gillet. Et surtout les vocables : *Golo* (fleuve), *Erco* (rivière ou torrent),
Nino (lac) et le nom d'une ville *Calacuccia*. De plus des annotations qui ont été fort
utiles existaient pour un assez grand nombre de plantes, écrites en allemand, par
exemple : *Mauer Calacuccia* (sur les murs, à Calacuccia) ; *Aepfelbaum*^{am} *Golo* (sur des
pommiers, le long du Golo), etc.

toujours possible de recourir à l'examen des indications qu'ils portent.

Nous aurions vivement désiré pouvoir compléter le travail manuel considérable que nous avait donné l'organisation de cette belle collection lichénologique, en entreprenant l'étude, mais absorbé par d'autres travaux et mal préparé à ce genre de travail si spécial et si difficile, nous avons estimé qu'il était préférable, dans l'intérêt de la science, d'en confier l'étude à des spécialistes autorisés de la lichénologie.

Nous ne pouvions faire un choix plus heureux, qu'en faisant appel à nos aimables et distingués collègues, MM. le Dr Jacques Maheu, chef de laboratoire à la faculté de Pharmacie de Paris, et Abel Gillet, de la Société botanique de France, bien connus pour les importants travaux qu'ils ont déjà publiés sur les lichens de la Corse, des îles Baléares, etc..

Nous avons donc expédié à ces lichénologues expérimentés la totalité de la collection lichénologique qui fait l'objet de cette note, en les priant de vouloir bien en faire l'étude.

Celle-ci est aujourd'hui terminée et MM. le Dr Maheu et Gillet, dans leur nouveau mémoire consacré aux lichens de l'est de la Corse, en feront connaître les résultats qui ne peuvent manquer d'être intéressants.

Ils nous ont demandé pour l'introduction de ce mémoire un historique des origines de la collection ; les pages qui précèdent sont une réponse à leur bienveillante invitation.

Qu'il nous soit permis de leur exprimer en terminant ce récit d'un épisode du début de la guerre de 1914, de leur renouveler l'expression de notre vive gratitude, pour leur aimable et féconde collaboration.

La totalité de la collection des lichens énumérés dans le mémoire de MM. le Dr Maheu et Gillet, étant la propriété de la ville de Dijon, sera déposée dans le Conservatoire de botanique du Jardin des Plantes de cette ville, dont elle ne sera pas une des moindres richesses, que les lichénologues ne manqueront pas de venir consulter, car elle renferme les types authentiques de plusieurs espèces rares ou même nouvelles pour la science de la flore lichénologique Corse. Les doubles pourront, s'il y a lieu, en être répartis entre les principaux herbiers lichénologiques français. »

P. GENTY,
Directeur du Jardin Botanique de Dijon.

Dijon, le 10 novembre 1924.

NOTA. — RÉACTIONS CHIMIQUES

ABRÉVIATIONS

I, iode ; K, potasse ; Cl, hypochlorite de chaux ; N, acide nitrique ; K (Cl), potasse, puis hypochlorite de chaux appliqué immédiatement.

Le signe — ou =, réaction négative ; le signe +, réaction positive.

I — HOMŒOMÈRES

SCYTONÉMÉS Hue

I — Gonionema Fr. 1855; Nyl.

*1. — **Gonionema velutinum** Nyl. Syn. 88 et Algérie, p. 16;
Boistel, Nouv. Fl. des Lichens, II, p. 316; Jatta,
Sylloge Lichenum italicorum, p. 7 (1900); Harmand,
Lichens de France, p. 13 (1905).

Roches quartzeuses humides sur les rives du Golo; croissant
en parasite sur le thalle de *Psora confusa* Nyl.

Thalle byssoïde, très ténu, brun-noir étant sec, brun étant
humecté, dense I —; stérile et imparfaitement lichénisé; gonidies
en pile, d'une seule série, appartenant au genre d'algues *Scytö-
nema* Ag.

II — Placynthium Ach. 1810

2. — **Placynthium nigrum** (Huds.) Ach.; Harm., Lich. de
Fr., p. 21; de Croz., Vizzav., p. 33.

= *Pannaria nigra* Nyl.; Mah. et Gill., Ouest de la
Corse, n° 270.

= *Placynthium corallinoides* var. *nigrum* Mass.;
Jatta, Syll. italic., p. 38.

Peu commun, sur les roches silico-calcaires, au lac Nino.

STIGONÉMÉS Hue

III — Ephebe Fr. 1825

** 3. — **Ephebe pubescens** Fr., Syst. Orb. Veget I, p. 356;
de Crozals. Lich. Vizzanova, n° 3.

Sur les roches siliceuses.

COLLÉMÉS Nyl.

IV — Lichina Agdh. 1823

4. — **Lichina pygmæa** Ag., Syn., p. 9. Mah. et Gill., Lich.
O. Corse, n° 1.

Sur roche siliceuse.

V — Collema Hill. 1751

5. — **Collema pulposum** Ach., Lich. Univ. 1810, p. 632,
Syn. 311 ; Jatta, Syll. Italie., p. 21 ; Harm., Lich. de
France, p. 82 ; Mah. et Gill,, Ouest de la Corse, n° 2 ;
Lich. des Iles Baléares, n° 9 (Soc. Bot. de France,
1922).

Sur les rochers siliceux moussus, croissant le plus souvent sur
Grimmia leucophæa Grev.

Assez commun, mais stérile.

Fertile sur rochers, le long du Golo.

* 6. — **Collema flaccidum** Ach. Syn. I p. 322 ; Hue, Aix, p. 7 ;
Boist. Nouv. Fl. des Lich., II, p. 305 ; S. - Genre,
Collemodiopsis, Harm., L. de Fr., p. 98.

= *Lethagrium rupestre* Mass. Mem. 92 ; Flagey,
Lich. d'Algérie, p. 105.

= *Synechoblastus flaccidus* Krb. Syst, 413 ; Jatta,
Syll. Italie, p. 27.

Sur des schistes.

Échantillon réduit, stérile, thalle I —.

** 7. — **Collema aggregatum** Ach., Nyl. Alg. p. 318 ; de Croz.
Lich. Vizzavona, p. 35.

Sur la terre au milieu des mousses.

VI — Leptogium Ach. 1810

* 8. — **Leptogium callopismum** (Mass.) Harmand, Lichens
de France, p. 101 ; Maheu et Gillet, Lichens des Iles
Baléares 1921, n° 11 (1).

= *Collema callopismum* (Mass.) Misc. 23 ; Jatta,
Syll. Italic. p. 25.

---

(1) *Bulletin de la Société botanique de France*, t. LXVIII et LXIX, 1921-1922, « Contribution à l'étude des Lichens des Iles Baléares », par Jacques Maheu et Abel Gillet.

= *Collemodium sp.* Nyl., Syn., p. 113 ; Boistel, Nouv. Fl. Lich., II, p. 302.

Sur la terre moussue, lit du torrent Erco (1).
Spores non développées.

9. — **Leptogium scotinum** Fr. Scand., p. 293. Var. *sinuatum* (Schær.) Boist. Nouv. Fl. Lich.,II, p. 297 ; Harmand, Lich. de France, p. 114.

= *Leptogium sinuatum* Nyl. ; Hue, Lichens de Canisy, p. 121, Lich. d'Aix-les-Bains, p. 11 ; Mah. et Gill., ouest de la Corse, n° 6 ; de Crozals, Lich, Vizzavona, p. 37.

Rives du Golo, sur des mousses du genre *Hypnum (Isothecium sericeum* L.; SPRUCE et *Hypnum rusciforme* Weis.

Thalle stérile, pseudoparenchymateux dans les deux cortex, un peu plus épais (0^{mm} 120) que le type, I —, même en séchant.

10. — **Leptogium lacerum** Fr., Scand. 293 ; Nyl., Syn., p. 123 ; Flagey, Lich. d'Algérie, p. 102 ; Jatta, Syll. Italic., p. 16 ; Mah. et Gill., ouest Corse, n° 260 ; de Crozals, Vizz., p. 37.

= *Collema lacerum* Ach., Lich. Univ., p. 657.

Rochers siliceux moussus, avec la variété suivante, sur *Grimmia leucophæa* Grev.

Var. pulvinatum (Ach.) Nyl., Syn. 122 ; Flagey, l. c. ; Jatta, l. c.

Dans les mêmes conditions que le type, parfois associés. Tous deux stériles.

VII — **Homodium** Nyl. 1875

* 11. — **Homodium subtile**, Nyl.; Boistel, Nouv. Flore des Lichens, IIe partie, p. 298.

= *Leptogium* (s.-g. Homodium) *Subtile* Nyl., Harm, Lich. de France, p. 123.

= *Leptogium* sp. Nyl., Syn,. p. 121 ; Jatta, Sylloge Italicorum, p. 16.

Rives du Golo, sur vieux bois pourrissant.
Échantillon stérile. Thalle K —; Cl —; I —.

---

(1) L'Erco est un torrent, affluent de la rive gauche du Golo (la plus grande rivière de la Corse), dont le confluent se trouve non loin de Corscia, canton de Calacuccia.

II — HÉTÈROMÈRES

GYMNOCARPÉS Wain.

CONIOCARPÉS Wain.

CALICIÉS Nyl.

VIII — Sphinctrina Fr. 1825

* 12. — **Sphinctrina microcephala** Nyl., Syn. 144 ; FLAGEY,
Fr.-Comté. V. p. 152, Algérie, p. 86 ; HARM., Lich.
Fr. p. 168.

    = *Calicium microcephalum* Tul., Mem. Lich. p. 78 ;
Schær., Enum. 164.

    = *Sphinctrina tubæformis* Mass., Mem. 155 ; JATTA,
Syll. Italic. p. 477.

Parasite du *Pertusaria spilomantha* Nyl., sur roche quartzeuse,
rives du Golo supérieur.

Espèce très rare en France et en Algérie (Flagey *l. c.*), et probablement non encore signalée sur les rochers.

Apothécies très petites, de 0,10 à 0,18^{mm} de diamètre, à capi-
tules globuleux, d'un noir brillant, d'abord sessiles, puis brièvement stipitées, stipes épais, noirs ou tirant sur le brun.

Spores rares dans notre échantillon, noires, simples, atténuées
aux deux extrémités, de 16 × 5^{mus}, au lieu de 11 — 16 × 6 — 8^{mus},
suivant les auteurs.

IX — Calicium Pers. 1794

* 13. — **Calicium hyperellum** Ach., Meth. p. 93 ; HARM., Lich.
de Fr. p. 178 ; JATTA, Syll. italic.. p. 484.

Sur l'écorce des pins, près du lac Nino.

Spores brunes, resserrées au milieu, pointues aux extrémités :
différence avec certains types de *Calicium salicinum* où les spores
sont arrondies aux extrémités. Spermaties droites.

CYCLOCARPÉS Wain.

STRATIFIÉS-RADIÉS Hue

CLADONIÉS Nyl.

X — Cladonia Hill. 1751

* 14. — **Cladonia rangiferina** (L.) Hffm. Var. *alpestris*,
Schær. Spic. 38; JATTA, Syll. italic. p. 77.
= *Cladonia alpestris* RABENH., Cladonias d'Europe,
p. 11 = *Cladina sp.* HARM., Lorr. p. 157.
Rochers moussus.

15. — **Cladonia furcata** (Ach.) Schrad., Spic. Fl. Germ.
p. 107; MAH. et GILL., ouest de la Corse, n° 16 ; de
CROZ., Lich. Vizzav. p. 38.
Sur la terre moussue, un peu partout, sur les rives du Golo.

1° — *Var. racemosa* (HOFFM.) Flk. et *f" pinnata*
Flk. ; MAH. et GILL., ouest de la Corse, n° 16.
Même habitat.

2° — *Var. muricata*, Nyl., Syn. 207.
= *Cladonia muricata* Del., in Duby ; JATTA, Syll.
italic. p. 93.
Sur la terre moussue. peu commun.

* 16. — **Cladonia fimbriata** HOFFM.
Var. scyphosa Schær., En. 190.
f^a denticulata Flk., Comm. p. 55 ; JATTA, Syll. Italic.
p. 88; HARM., Lich. de France, p. 310.
Sur la terre et débris végétaux.

17. — **Cladonia pyxidata** (Ach.) Fr., Lich. Eur. p. 216.
HARM., L. de Fr. p. 301; MAH. et GILL., Ouest de la
Corse, n° 17; de CROZALS, Vizzav. p. 38.
Sur les mousses, au pied d'un tronc pourri, près du Golo.

— *Var pocillum* Ach., Meth. p. 336; JATTA, Syll.
italic. p. 88; Wainio, Clad. II p. 241.
Sur la terre, rives du Golo.

* 18. — **Cladonia pityrea** (Flk) Krb.. Syst. p. 21 ; HARM., L.
de Fr. p. 316; JATTA, Syll. Italic, p. 91.
Sur un tronc pourri.

Podétions de 10 à 15ᵐᵐ de haut, mal formés, rappelant les variétés *Scyphifera* Wain. et *Subacula* Wain.
Podétions et squames K —.

* **19.** — **Cladonia flabelliformis** Wainio ; Harm., L. de Fr. p. 340.
   = *Cladonia polydactyla* Flk. ; Jatta, Sylloge Italicorum, p. 79 ; Oliv., Lich. Eur. I, p. 125.
   Var. scabriuscula Wainio ; Harm., p, 341.
   = *Cladonia macilenta var. scabriuscula* Nyl.

Sur un tronc pourri.

20. — **Cladonia alcicornis** Flk., Nyl., Syn. I, p. 190 : Mah. et Gill. Lich. Ouest de la Corse, nᵒ 20 ; de Crozals, Lich. Vizzav. p. 39.

Sur les friches, dans les bruyères, rives du Golo.

21. — **Cladonia cervicornis** (Ach.) Schær., En. 195 ; Boistel, IIᵉ partie, p. 27 ; Jatta, Sylloge Italic., p. 85 ; Mah. et Gill., Ouest de la Corse, nᵒ 236.

Sur les vieilles mousses des roches siliceuses ; sur les terrains incultes, rives du Golo.

RADIÉS Hue
USNÉES Nyl.

XI — Usnea Dill. 1741

22. — **Usnea ceratina** Ach., Lich. Univ. p. 619 ; Harm., L. de Fr., p. 378 ; Mah. et Gill., Ouest de la Corse, nᵒ 8.
   = *Usnea barbata var. ceratina* Schær.

Sur les hêtres, au bord du Golo.

23. — **Usnea dasypoga** Nyl., ap Lamy, Cat. Lich., Mont-Dore, p. 25 ; Harm., Lich. de Fr., p. 383 ; de Crozals, Lich. Vizzavona, p. 39 ; Mah. et Gill., Ouest de la Corse, nᵒ 261.
   = *Usnea barbata var. dasypoga* Fr., L. E. p. 18.

Sur les branches d'arbres, près du lac Nino.

XII — Letharia Zahlbr.

24. — **Letharia Soleirolii** Nyl, Syn. I p. 276 ; Mah et Gill. Lich. Ouest de la Corse, nᵒ 9.

= *Chlorea sp.* Nyl.

= *Stereocaulon sp.* Schær., Enum. p. 180.

= *Usnea sp.* JATTA, Syll. Italic. p. 55 (S.-G. *Neuropogon*).

Sur les roches granitiques, rives du Golo.

RAMALINÉS Hue

XIII — Ramalina Ach. 1810

25. — **Ramalina scopulorum** Ach., L. U. p. 604 ; JATTA, Syll. Italic. p. 68 ; MAHEU et GILLET, Ouest de la Corse, n° 25.

Var humilis Schær., Lich. Helv. n° 603 ; JATTA, l. c.; OLIVIER, Lich. d'Europe, I, p. 104 ; MAH. et GILL., l. c., n° 204.

Sur les roches siliceuses, au bord du Golo.
Thalle K + jaune, puis rouge, stérile.
Signalé par Jatta uniquement en Corse.

26. — **Ramalina calicaris** (L.) Fr.

* *Var. laciniata* HARM. ; HARMAND, Lich. de Fr. p. 403.

Sur un tronc, au bord du Golo..
Thalle à nombreuses laciniures très étroites, subacuminées, fastigiées au sommet, K —, stérile.
Notre échantillon mesure deux centimètres de haut.

27. — **Ramalina farinacea** (L.) Ach., Lich. Univ. p. 606 ; MAH. et GILL., Ouest de la Corse, n° 31 ; de CROZALS, Vizzavona, p. 40.

Sur un vieux tronc, rives du Golo, et au bord de l'Erco.

1° — *Var multifida* Ach , L. U. p. 607 ; HARM., Lich. de Fr., p. 404 ; MAH. et GILL, l. c., n° 31.

Même habitat que ci-dessus, rives du Golo et de l'Erco.

2° — *Var perluxurians* Hue, Les Ramalina à Richardmesnil, p. 5 ; MAH. et GILL. l. c. ; Iles Baleares, n° 25.

Sur les arbres, rives du Golo.

* 3° — *fª frondosa* OLIV., Expos. Syst. p. 29 ; HARM., Lich. de Fr. p, 405.

Sur les vieux troncs, rives du Golo.

28. — **Ramalina fraxinea** (L.) Ach., Lich. Univ. p. 602 ;
MAH. et GILL., Ouest de la Corse, n° 34 et Lich. des
Iles Baléares, n° 27.

Sur les troncs d'arbres, au bord du lac Nino.

1° — *Var. oleæ* Mass., Sched. Crit. p. 108 ; HARM.,
Lich. de Fr. p. 407 ; JATTA, Syll. Italic., p. 65 ; MAH.
et GILL., Ouest de la Corse, n° 201.

Sur les branches d'oliviers, près du lac Nino.

* 2° — *fª luxurians* Del. ; HARM., Lich. de Fr.,
p. 407.

Sur les troncs d'arbres.

29. — **Ramalina fastigiata** Ach., Lich. Univ. p. 603 ; MAH.
et GILL., Ouest de la Corse, n° 32 et Lich. des Iles
Baléares, n° 28.

Sur les branches d'arbres, au bord du Golo.

Var. intumescens OLIV., Lich. Ouest, I, p. 32 ;
HARM., Lich. de Fr., p. 409 ; MAH. et GILL., l. c.

Même habitat que le type.

* 30. — **Ramalina inæqualis** Nyl., Ramal., p. 63 ; OLIVIER,
Lich. d'Eur., I, p. 106 ; HARM., L. de Fr., p. 420.

Sur les roches siliceuses.
Thalle et Médulle K —. Par l'âge, les lanières tendent à deve-
nir sorédifères sur leur surface ; stérile. Non signalé en Italie.

31. — **Ramalina evernioïdes** Nyl., Recogn. Ramal. p. 55 ;
MAH. et GILL., Ouest de la Corse, n° 29.

= *Ramalina Duriæi* Durs. : JATTA, Syll. Italic,
p. 66.

Sur les écorces, associé à *Parmelia soredians* Nyl.

32. — **Ramalina polymorpha** Ach., L. Univ., p. 600 ; Nyl.,
Ramal., p. 50 ; MAH. et GILL., Ouest de la Corse,
n° 33 : de CROZALS, Vizzavona, p. 40.

Sur rochers siliceux élevés.
Échantillons bien développés, plus communs que dans l'Ouest,
l. c.

* 33· — **Ramalina pollinaria** Ach., Univ. p. 608 ; HARM., Lich.
de Fr., p. 412 ; JATTA, Syll. italic., p. 66.

Sur les branches d'arbres.

* 1° — *Var. pulvinata* Anzi ; Jatta, Syll. italic, p. 66 ; Oliv., L. d'Eur., p. 103.

Sur roche quartzeuse. Thalle minime, contracté, pulviné, stérile, K —.

* 2° — *Var. elatior* Ach. L. U., p. 608 ; Harm., Lich. de Fr., p. 413 ; Jatta, l. c. ; Oliv., l. c.

Sur les roches siliceuses.
Échantillons stériles, atteignant 7 centimètres, K —.

Nota : Par ses extrémités souvent digitées, cette plante rappelle *R. digitellata* Nyl., spécial au Portugal et à l'Espagne, où nous l'avons récoltée à Pegnarroya, Sierra Nevada (1905), et en Catalogne, près de Barcelone (1906), sur des roches.

34. — **Ramalina pusilla** Le Prév. ; Nyl.. Recogn. Ramal., p. 63 ; Mah. et Gill., Lich. Ouest de la Corse, n° 35 ; Jatta, Syll. italic., p. 69.

Quelques échantillons sur les branches d'arbres, le long des rives du Golo.

35. — **Ramalina cribrosa** Durs., Fr. Lich., p. 213 ; Jatta, Syll. italic., p. 69 ; Maheu et Gillet, Ouest de la Corse, n° 28.

= *Ramalina breviuscula* Nyl., Pyr.-Or.., p. 5 ; Harm., Lich. de Fr., p. 418.

Sur les rochers, rives de l'Erco.

* 1° — *Var. fastigiata* Durs., l. c., p. 214 ; Jatta, l. c., p. 69.

Sur les rochers. Thalle K =.

2° — *Var pumila* Mor. et Durs. ; Jatta, l. c., p. 69 ; Mah. et Gill., Ouest de la Corse, n° 28.

Rives du Golo, sur les roches quartzeuses. Thalle stérile K =.

CÉTRARIÉS Hue

XIV — Cetraria Ach. 1803

* 36. — **Cetraria islandica** (L.) Ach., Meth., p. 293 ; Harm., Lich. de Fr., p. 426 ; Jatta, Syll. italic., p. 107 ; Nyl., Pyr.-Or., p. 15.

Sur la terre moussue, au lac Nino.

    * *Var. platyna* Ach., Syn., p. 229 ; Harm., l. c. ; Jatta, l. c.

    Avec le type.

37. — Cetraria aculeata Ach.

    * *Var. alpina* Schær., In., p. 18 ; Harm., Lich. de Fr.. p. 425 ; Jatta, Syll. italic., p. 106.

Thalle brun-noir, en coussinet, fronde à deux ou trois rameaux divariqués, rigides, comprimés, laciniés, nus. Les rameaux sont terminés par de petites pointes.

Sur la terre moussue, au bord du Golo.

ALECTORIÉS Hue

XV — Alectoria Fée 1824

38. — Alectoria jubata Ach., Nyl., Syn. I, p. 280; Mah. et Gill., Lich. Ouest de la Corse, n° 11 ; de Crozals, Lich. Vizzavona, p. 40.

Sur les pins, au lac Nino.

* 39. — Alectoria lanata Nyl., in-fl. 1871, p. 299 ; Harm., Lich. de Fr., p. 436.

    = *Imbricaria lanata* (Nyl.) Jatta, Syll. Italic, p. 134.

Roche granitique des montagnes élevées.

XVI — Teloschistes Norm.

* 40. — Teloschistes chrysophthalmus Th. Fr.

    Var. denudatus Ach., Meth., p. 267 ; Harm., Lich. Fr.. p. 444 ; Jatta, Lich., Syll. Italic., p. 147 (Genre *Physcia*, sous-genre *Tornabenia*).

Sur les branches d'arbres, rives du Golo.

XVII — Anaptichia Kœrb. 1855

41. — Anaptichia ciliaris Krb., Syst. ; Mass., Mém. Lich., p. 35 ; Nyl., Syn. I, p. 414 ; Mah. et Gill., Ouest de la Corse, n° 69 ; de Crozals, Vizzav., p. 40.

Dans les forêts, sur différents arbres, où il fructifie bien rives du Golo et lac Nino.

    * 1° — *Var. solenaria* Duby, Bot, Gall., p. 612 ;

Harm., Lich. de Fr., p. 447 ; Jatta, Syll. italic, p. 138.

Sur des mousses, stérile.
Le thallé est insensible aux réactifs.

* 2° — *Var. agriopa* Ach., Meth , p. 255 et Lich. Univ., p. 497.
* 3° — *Var. verrucosa* Ach., l. c.

Ces deux variétés sur les troncs et les branches d'arbres au lac Nino et le long du Golo supérieur, la dernière également sur les pierres siliceuses des murs de Calacuccia.

42. — **Anaptichia leucomela** Ach., Meth., p 256 ; Jatta, Syll. Italic., p. 138 ; Mah. et Gill., Ouest de la Corse, n° 70.

= *Physcia sp.* Mich. ; Nyl., Syn. I, p. 414.
Rives du Golo, sur les arbres.

43. — **Anaptichia speciosa** Ach., Meth., p. 198 ; Mah. et Gill., Ouest de la Corse, n° 71.
* *Var. sorediosa* Müller.

Syn : *Pseudophyscia speciosa var. sorediosa* Müll. ; Harm., Lich. de Fr., p. 487.

Sur roches quartzeuses. Stérile.
Le long du fleuve Golo et rives de l'Erco.

PHYLLODÉS-STRATIFIÉS
PSEUDOPHYSCIÉS Hue

XVIII — Pseudophyscia Müll.

44. — **Pseudophyscia aquila** (Ach.) Fr., Eur., p. 78 ; Harm., Lich. de Fr., p. 488 ; Mah. et Gill., Ouest de la Corse, n° 83.

= *Physcia* Nyl., Syn. I, p. 422 ; de Croz., Vizz., p. 40.

Roche quartzeuse, le long du fleuve Golo.

EVERNIÉS Hue

XIX — Evernia Ach. 1810

45. — **Evernia prunastri** (L.) Ach., L. U., p. 442; Harm., Lich. de Fr., p. 493 ; Mah. et Gill., Lich. de l'Ouest

de la Corse, n° 22 ; de Crozals, Vizzavona, p. 41.
* 1° *f^a munda* Oliv. (considéré comme le type).
2° *f^a soredifera* Ach., L. U., p. 443.
3° *f^a retusa* Ach., loc. cit.

Sur diverses écorces, rives du Golo ; le type est fréquent mais stérile.

** 45 *bis*. — **Evernia furfuracea** (Ach.) Mann. ; Nyl., Syn., I, p. 284 ; Mah. et Gill., Lich. O. Corse n° 23 ; de Crozals, Lich. Vizzav., p. 41.

Environs du lac Nino.

PARMÉLIÉS Hue

XX — Pármelia Ach. 1803

46. — **Parmelia tiliacea** Ach., Meth., p. 215 ; Krb. Syst., p. 70 ; Mah. et Gill., Ouest de la Corse, n° 56 ; Jatta, Syll. italic., p. 130.

Troncs d'arbres, rives du Golo.

Var scortea Ach., Meth., p. 215 ; Synops. 197 ; Mah. et Gillet, l. c. ; de Croz., Vizzavona, p. 43.

Sur les chènes et les pommiers, cours du Golo. Commun, souvent disséminé par petites plaques sur d'autres *Parmelia.*

47. — **Parmelia carporhizans** Tayl., in Hook., Journ. Botan. 1847, p. 163 ; Nyl., in-flora 1866, p. 200 ; Jatta, Syll. italic., p. 130 : Mah. et Gill., Ouest de la Corse, n° 57 et Lich. des Iles Baléares, n° 37 ; de Crozals, Vizzavona, p. 43.

= *Parmelia tiliacea var. carporhizans* Olivier, Etud. Parm., p. 62.

Sur les troncs de chène, de hètre, etc, rives du Golo et lac Nino. Commun.

48. — **Parmelia saxatilis** Ach., Meth. Lich. 1803, p. 204 ; Mah. et Gill., Ouest de la Corse, n° 58 ; de Crozals, Vizzavona, p. 43.

Sur le granit et différentes roches siliceuses, lac Nino, cours du Golo, etc..

1° — *Var. Aizoni* Del., Bot. Gall., p. 602 ; Mah. et Gill., l. c.

= *Var. furfuracea* Schær., Spicil., p. 455 ; Harm., L. de Fr., p. 564 : de Crozals, l. c.

Sur écorce et sur roche siliceuse, rives du Golo.

2° — *Var. lævis* Nyl., Syn. I, p. 389 ; Mah. et Gill., l. c.

Sur une roche siliceuse, rives du Golo.

49. — **Parmelia sulcata** Tayl. — Nyl. 1869, p. 292 ; Mah. et Gill., Ouest de la Corse, n° 59 ; de Croz., Vizzav., p. 43.

Sur les chênes et les hêtres.

* 1° *Var. munda* Olivier ; Harm., Lich. de Fr., p. 567.

Sur le bois à nu et sur tronc moussu, près du fleuve Golo.

* 2° *Var. rubescens* Roumeg. ; Harm., l. c.

Sur tronc moussu, près du fleuve Golo.

** 49 *bis.* — **Parmelia acetabulum** Duby, Bot. Gall., p. 601 = *Lichen acetabulum* Neck., *Delic.*, p. 506 ; de Crozals, Lich. Vizzav., p. 44.

Sur écorce de pommiers, environs du Golo.

50. — **Parmelia trichotera** Hue ; Harm., Lich. de Fr., p. 581 ; Corse Ouest, n° 54 ; de Croz., Vizzav., p. 44.

Sur les écorces et le bois à nu, près du fleuve Golo.

51. — **Parmelia olivacea** (L.) Ach., Meth., p. 213 ; Mah. et Gill., Ouest de la Corse, n° 66.

Sur une branche de pommier, le long des rives du fleuve Golo, fragments stériles ; mieux développé, mais en petite quantité sur différentes essences.

52. — **Parmelia conspersa** Ach., Meth. 205 ; Nyl., Syn. I, p. 391 ; Harm., Lich. de Fr., p. 514 ; Mah. et Gill., Ouest de la Corse, n° 63 ; de Crozals, Vizzav., p. 42. = *Imbricaria conspersa* D. C., Fl. Fr. II, 393 ; Jatta, Syll. Italic., p. 128.

Terre des roches siliceuses, rives du Golo et lac Nino, où il est stérile et mêlé à *Parmelia prolixa* Nyl. et recouvert partiellement par le parasite de ce dernier *Psora badia* var. *badiella* Nyl.

Var. isidiata Anzi ; Harm., l. c. ; Mah. et Gill., l. c. ; de Crozals, Vizzavona, p. 42.

= *Var. isidiosa* Nyl., in-fl. 1881, p. 450.

Sur granulite, lac Nino.

* 53. — **Parmelia soredians** Nyl., Pyr.-Or., pp. 5, 50 et 63 ;
Harm., Lich. de Fr., p. 517 ; Olivier, Lich. d'Europe,
I, p. 183.

= *P. conspersa var. sorediuns* Boistel, II, p. 64.

Sur les écorces.

Thalle : K + jaune, puis rouge ; Cl — ; K (Cl) + rouge.

Espèce rare en France ; non signalée en Italie, par Jatta.

* 54. — **Parmelia centrifuga** Ach., Meth., p. 206, L. U.,
p. 486 ; Harm., Lich. de Fr., p. 522 ; Olivier, L. Eur.
I, p. 182.

= *Imbricaria centrifuga* Krb. Syst. 82 : Jatta, Syll.
Italic., p. 128.

Sur un mur (pierre dure, quartzeuse), à Calacuccia.

La présence de cette espèce en France est fort douteuse, d'après
Olivier et Harmand, l. c.

Non signalée en Corse, par Jatta, ni en Algérie, par Flagey.

55. — **Parmelia prolixa** Nyl., Apud. Hue, Add., p. 44 ; Nyl.,
Scand., p. 102 ; Harm., Lich. de Fr., p. 536 ; Mah.
et Gill., Ouest de la Corse, n° 65 ; de Croz., Lich.
Vizzav., p. 42.

= *Imbricaria prolixa* Ach., Jatta, Syll. Italic.,
p. 132.

Terre des roches siliceuses, au lac Nino.

Thalle stérile, recouvert par son parasite *Psora badia* var.
badiella Nyl.

Sur les murs de Calacuccia et roches diverses.

* *Var. perrugata* (Nyl.) Harm., Lich. de Fr., p. 537.

Rochers siliceux du lac Nino et sur les murs de Calacuccia.

* 55 *bis.* — **Parmelia subaurifera** Nyl., in Flora 1873, p. 22.

Nombreux échantillons sur écorces de pommiers de la région
du Golo.

* 56. — **Parmelia glomellifera** Nyl., 1881 ; Jatta, Syll.
Italic., p. 133 ; Harm., Lich. de Fr., p. 538.

= *P. prolixa* var. *glomellifera* Nyl., 1879.

Sur les roches granitiques. Stérile.

Thalle K + jaune ; Cl — ; K (Cl) —. Cette dernière réaction

dans la médulle caractérise la forme *anerythrophora* Harmand, l. c. p. 539.

***57. — Parmelia exasperata** D. N., Parm., p. 18; de CRO-
ZALS, Lich. Vizzav., p. 42; MAH. et GILL., Ouest de la
Corse, n° 242.

Sur écorce de Saule et sur les pommiers, rives du Golo.

58. — Parmelia exasperatula Nyl.

Var. perisidiata HARM., Lich. de Fr., p. 545.
Sur les troncs et les branches d'arbres. Fertile.
Les réactifs usités sont sans action sur le thalle.

59. — Parmelia physodes Ach., Meth. p. 250; Nyl., Syn. I,
p. 396; HARM., L. de Fr., p. 505; JATTA, Syll. Italic.,
p. 134; MAH. et GILL., Ouest de la Corse, n° 60; de
CROZ., Vizzav., p. 42.

Sur les écorces, principalement sur les chênes et les pins, le
long du Golo.

— *Var. labrosa* Ach., Lich. Univ., p. 493; HARM.,
l. c.

Sur les chênes, avec le type.

***60. — Parmelia vittata** Nyl., in-flora 1875, p. 106; HARM.,
Lich. de Fr., p. 507; JATTA, Syll. Italic., p. 135.
= *Parmelia physodes* var. *vittata* Ach., Meth.,
p. 252.

Sur les pins, aux abords du Golo.

61. — Parmelia encausta.

Var. intestiniformis Th. Fr., Arct. p. 54; HARM.,
Lich. de Fr., p. 510; MAH. et GILL., Ouest de la Corse,
n° 61; de CROZALS, Vizzavona, p. 42.

Sur les rochers siliceux, peu commun.

62. — Parmelia Mougeotii Schær., Enumer. 1850, p. 46;
Nyl., Syn. I, p. 392; MAH. et GILL., Ouest de la Corse,
n° 64; de CROZ., Vizzav., p. 42.

Sur quartz, rives de l'Erco.

Stérile. Thalle K $\dfrac{+ \text{jaune}}{+ \text{jaune}}$; K (Cl) =.

***63. — Parmelia Gentyi** MAH. et GILL. (Spec. nov.).

Sur quartzite, près du fleuve Golo;
Thalle minime, brun foncé, peu luisant, formant de petites

rosettes larges de 3 à 6 millim., très régulières, appliquées, adhé-
rentes, à laciniures serrées, contiguës, très fines et arrondies vers
le centre, dichotomes et le plus souvent trichotomes à la périphérie, les dernières divisions arrondies ou crénelées au sommet,
un peu élargies et bombées, de 0^{mm}15 de large, les lobes, à leur
bifurcation, mesurant en moyenne 0^{mm}35, dans leur milieu, c'est-
à-dire dans leur plus grande largeur.

Sorédies jaunâtres, de 0^{mm}25 de diamètre en moyenne, assez
fréquentes au centre; médulle de même couleur; dessous pâle,
sans rhizines apparentes.

Thalle stérile, insensible aux réactifs. Nous avons le plaisir de
dédier cette *espèce nouvelle* à M. Genty, directeur du Jardin
botanique de Dijon.

*64. — **Parmelia stygia** Ach., Meth., p. 203; Boistel, Nouv.
Flore, II, p. 70; Harm., Lich. de Fr., p. 529.
= *Imbricaria stygia*, Jatta, Syll. Italic., p. 134.
Rives du Golo, sur des roches granitiques. Fertile.

XXI — **Platysma** Hoffm. 1795

65. — **Platysma glaucum** (L.) Nyl., Syn. I, p. 313;
Nyl., Prodr., p. 49; Harm., Lich. de Fr., p. 594;
Mah. et Gill., Ouest de la Corse, n° 41; de Crozals,
Vizzavona, p. 44.

Sur les hêtres, rives du Golo.

1° — *Var. fallax* Nyl., Syn. I, p. 314; Harm., l. c.;
de Crozals, l. c.: Mah. et Gill., Ouest de la Corse,
n° 243.

Même habitat, au lac Nino.

2° — *f^a coralloideum* Harm., Lorraine, p. 176, Lich.
de Fr., p. 595; de Crozals, l. c.

Avec le type, rives du Golo.

*3° — *f^a sorediosum* Oliv.; Harm., l. c.

Même habitat.

*66. — **Platysma fahlunense** (L.) Nyl., Syn. I, p. 309;
Harm., Lich. de Fr., p. 599; Jatta, Syll. Italic.,
p. 111.

Abondant sur roches siliceuses, principalement au lac Nino.
Thalle souvent un peu olivâtre, d'autres échantillons présentant de très nombreux glomérules noirs sur les bords; souvent

les ramifications thallines présentent un aspect en choux-fleurs. Th $+$ K $=$ jaune. Apothécies larges, à bords persistants, un peu clairs. Epithecium 30 ^{mus}, brun-rougeâtre, hypothecium et thecium 70 ^{mus} incolores. Thèques longues de 70 $\times$ 25 ^{mus}. Spores incolores, par 8, oblongues, un peu pointues, à membrane très légèrement épaissie 10-12-15 $\times$ 6-8 ^{mus}. Hymenium $+$ I $=$ bleu.

*** 67. — Platysma placorodia** (Ach.) OLIV., Lich. d'Europe, I, p. 177.

> Syn.. *Platysma diffusum* Nyl. — Harm., Lich. de Fr. p. 592 ; *Cetraria aleurites* Th. Fr. *Imbricaria aleurites* (Ach.) — Jatta. Syll. p. 136. *Parmelia placorodia* Boistel, II® partie, p. 68. *Parmeliopsis placorodia* Nyl., Syn. II, p. 55.
>
> Sur les troncs de conifères.

PHYSCIÉS Hue

XXII — **Physcia** Schreb. 1789

68. — Physcia stellaris Fr., Lich. Eur., p. 82 ; Nyl., Syn., I, p. 424 ; MAH. et GILL., Ouest de la Corse, n° 74.

$=$ *Parmelia stellaris* Ach., Meth., p. 209 ; JATTA ; Syll. italic., p. 140.

> Sur les châtaigniers, près du Golo.

*** *f*ᵃ *radiata* Ach.**, Lich. Univ., p. 477 ; HARM., Lich. de Fr., p. 618.

> Sur les pommiers, rives du Golo.

69. — Physcia aipolia.

* 1° — *F*ᵃ *acrita* Ach. ; Nyl., Scand., p. 111 ; HARM., Lich. de Fr., p. 619.

> Sur les châtaigniers et les chênes, le long du Golo et du lac Nino.

* 2° — *Var. Anthelina* Nyl., Scand., p. 111 ; HARM., l. c.

$=$ *Physcia stellaris* var. *ambigua* Schær., Enum, p. 39.

> Ecorce de châtaignier, près du Golo.

70. — Physcia leptalea D. C. ; Nyl., Flora, 1878, p. 345 ; MAH. et GILL., Ouest de la Corse, n° 77 ; de CROZ., Vizzav., p. 45.

> Sur pommier, le long du fleuve Golo.

71. — **Physcia tenella** (Scop.) Nyl., in-Fl. 1873, p. 67 ; Mah.
et Gill., Ouest de la Corse, n° 76 ; de Croz , Vizzav.,
p. 45.

= *Physcia stellaris* var. *adscendens* Th. Fr., Scand.,
p. 138 ; Jatta, Syll. italic., p. 141.

= *Physcia leptalea* var. *tenella* Oliv. ; Harm., Lich.
de Fr., p. 621.

Sur les châtaigniers, au lac Nino ; sur les pommiers près du
Golo.

72. — **Physcia albinea** (Ach.) Nyl., Pyr.-Or., I, pp. 6 et 50 ;
Oliv., Lich. Eur., I, p. 241 ; Mah. et Gill., Ouest de
la Corse, n° 80.

Sur quartz, stérile, lit de l'Erco.

Thalle pâle, un peu ochracé, en dessous. $K \dfrac{+\text{ jaune}}{-}$; Cl — ;
K (Cl) —.

* 73. — **Physcia astroida** Fr.

fa Caricæ Schær. ; Harmand, Lich. de Fr., p. 631.

= *Parmelia Caricæ* Clem.

= *Physcia Clementiana* Turn.

Sur écorce.

Thalle blanc glauque ou blanc cendré, non pruineux, presque
entièrement couvert, surtout au centre d'une grande quantité de
petites laciniures pressées et dressées formant comme une croûte
granuleuse, ne laissant les lobes à découvert qu'au pourtour de la
rosette : médulle blanche : dessous concolore, avec de rares rhizines, très petites, $K \dfrac{+\text{ jaune}}{+}$. Stérile.

74. — **Physcia pulverulenta** (Ach.) Nyl., Syn. I, p. 419 ;
Jatta, Syll. Italic., p. 142 ; Mah. et Gill., Ouest de
la Corse, n° 72 ; de Croz., Lich. Vizzav., p. 45.

Sur écorce de châtaignier, au bord du fleuve Golo et au lac
Nino, assez commun.

1° — *Fa argyphæa* Harm., Lich. Lorr., p. 230 ;
Lich. de Fr., p. 634 ; de Croz., l. c.

Même habitat.

* 2° — *Var. pityrea* Nyl., Prodr., p 308 et Scandin., p. 110 ; Jatta, Syll. Italic., p. 143.

Sur les troncs, au lac Nino.

* 3° — *Var. angustata* Nyl., Prodr., p. 62 ; Harm., Lich. de Fr., p. 634. Syn: *Parmelia pulverulenta* var. *angustata* Ach., L. U. 474 ; Jatta, Syll., p. 634.

Sur une branche de pommier, sur les rives du Golo.

Thalle réduit à quelques laciniures brun-verdâtre, très appliquées, larges de 0,5 à 0,9 millim., non pruineux. Apothécies à disque brun-rougeâtre, pruineux, très plat, à bord entier, de 1 à 3 mill.. Spores brunes, 1-septées, avec logettes réunies par un tube axile, de $17\text{-}20 \times 7\text{-}9$ mus.

4° — *Var. terrestris*, Jatta, Syll. Italic., p. 143 ; Oliv., L. d'Eur., p. 236 ; Mah. et Gill., Ouest de la Corse, n° 72, 3e var.

Au bord du Golo, sur la terre des roches. Stérile.

5° — *Var. venusta* Nyl., Prod., p. 62 ; Harm., Lich. de Fr., p. 635 ; Mah. et Gill., Ouest de la Corse, n° 72.

= *Parmelia venusta* Ach. ; Jatta, Syll. Italic., p. 144.

Lac Nino et rives du Golo, sur les écorces et le bois pourri, en mélange avec *Parmelia exasperatula* Nyl. ou *Homodium subtile*. Dans le premier de nos échantillons, le disque des apothécies est abondamment couvert d'une pruine blanc-bleuâtre ; il est nu ou presque dans nos échantillons de l'Ouest de la Corse, n° 72.

* 75. — **Physcia lithotea** var. *Sciastrella* Nyl. in-Fl., 1877, p. 354. Gyn. *Physcia sciastrella*, Harm., Lich. de Fr.. p. 651. Groupe du *Ph. obscura*.

Sur écorce, rives de l'Erco.

76. — **Physcia detonsa** Fr., S. O. V., p. 284 ; Jatta, Syll. italic., p. 145 ; Nyl., Syn. I, p. 421 ; Mah. et Gill., Ouest de la Corse, n° 73.

Sur les troncs moussus, rives du Golo.

XXIII — **Xanthoria** Fr. 1860

77. — **Xanthoria parietina** (L.) Durs., Parmelia, p. 23 ; Jatta, Syll. italic., p. 148 ; Mah. et Gill., Ouest de la Corse, n° 84, et Lich. des Iles Baléares, n° 38 = *Physcia parietina* De Not. ; Nyl., Syn. I, p. 410 ; de Croz., Vizzav., p. 44.

Commun sur les écorces, au lac Nino et dans la vallée du Golo.

Var. rutilans Ach. ; HARM., Lich. de Fr., p. 607 ;
MAHEU et GILLET, l. c. — *Var. eclanca* Nyl., Syn. I,
p. 411 ; JATTA, Syll. italic., p. 149.

Mêmes localités, sur les troncs et les rochers.

PELTIGÉRÉS Hue

XXIV — Peltigera Wild. 1787

78. — **Peltigera canina** (L.), HOFFM., Deutsch. Fl., II, p. 106 ;
MAH. et GILL., Lich. Ouest de la Corse, nº 46 ; de
CROZALS, Lich. Vizzav., p. 45.

Sur les arbres et les rochers, un peu partout.

XXV — Nephromium Nyl. 1858

79. — **Nephromium lusitanicum** Schær., Enum. 1850,
p. 323 ; Nyl., in-flora 1870, p. 38 ; JATTA, Syll. italic.,
p. 114 ; MAH. et GILL., Ouest de la Corse, nº 45 ; de
CROZ., Vizzav., p. 45.

Sur les troncs moussus, rives du Golo. Stérile.

STICTÉS Hue

XXVI — Lobaria Nyl. 1875

80. — **Lobaria pulmonacea** Nyl., in-flora 1865, p. 297 ;
HARM., Lich. de Fr. p. 710 ; MAH. et GILL., Ouest de
la Corse, nº 240 : de CROZALS, Vizzavona, p. 46
= *Sticta* sp. Ach., Lich. Univ., p. 449.

Sur les hêtres, au lac Nino.

XXVII — Ricasolia Durs. 1855

* 81. — **Ricasolia herbacea** (Huds). D. N., Lich. Fr., p. 7 ;
Nyl., Syn. I, p. 369 ; HARM., Lich. de Fr., p. 715.
= *Sticta (Ricasolia)* sp. Durs. JATTA, Syll. italic.,
p. 122.

Commun sur les troncs d'arbres moussus, au lac Nino, rives du
Golo, etc.,

XXVIII — Lobarina Nyl. 1858

82. — **Lobarina scrobiculata** Nyl., in-fl. 1877, p. 233 ;
HARM., Lich. de Fr., p. 716 ; MAH. et GILL., Ouest de

la Corse, n° 51 ; de Croz., Vizzav., p. 46 = *Lobaria*
sp. D. C., Fl. Fr. II, p. 415 = *Sticta* sp. Ach., Meth.
219 ; Nyl., Syn., p. 353.

Sur les hêtres et divers troncs moussus, rives du Golo. Stérile.

UMBILICARIÉS Hue

A — Spores grandes, murales, brunies à la fin

XXIX — Umbilicaria Hoffm 1790

83. — **Umbilicaria pustulata** Hoffm. ; Nyl., Syn. II, p. 4 ;
Mah. et Gill., Lich. Ouest de la Corse, n° 86 ; de
Crozals, Lich. Vizzav., p. 45.

Sur les roches granitiques et siliceuses, lac Nino, vallée du Golo.

B — Spores médiocres, simples, hyalines

XXX — Gyrophora Ach. 1803

84. — **Gyrophora hirsuta** Ach. ; Flot., Fr., S., II, p. 29 ; Mah.
et Gillet, Lich. Ouest de la Corse, n° 87.

Sur les rochers siliceux.

* 85. — **Gyrophora murina** Ach., Meth., p. 110 ; Jatta,
Lich. ital., p. 154 = *Umbilicaria sp.*, D. C. ; Harm.,
Lich. de Fr., p. 698.

Rochers granitiques ou siliceux, le long de l'Erco.

86. — **Gyrophora arctica** Ach., Meth., p. 106 ; Jatta, Syll.
italic., p. 155 ; Mah. et Gill., Ouest de la Corse, n° 88.
= *Gyrophora proboscidea* var. *arctica* Ach., Syn.,
p. 65.

Sur les rochers siliceux, rives du Golo.

87. — **Gyrophora polyphylla** (Schrad.) Ach., Syn. 63 ; Th.
Fr., Scand. p. 163 ; Flagey, Fr.-Comté, p. 193 ; Oliv.,
Lich. d'Eur. I, p. 259 ; Jatta, Syllog., p. 155.

Sur les rochers granitiques, rives du Golo, sur roche quartzeuse,
lac Nino.

Spores par 8, de $10 - 13 \times 5,5 - 6^{mm}$, paraissant parfois sphériques dans les thèques.

Médulle Cl — ou un peu rouge.

** *Var. glabra* Ach., Meth., p. 101 ; Syn., p. 63 ;

Boistel, Nouv. Fl. des Lich. II. p. 51 ; Oliv., Europe, I, p. 259. = *Gyrophora glabra* D. C. ; de Croz., Vizzav., p. 46.

Avec le type, au lac Nino, stérile.

**** 88. — Gyrophora flocculosa** Krb., Syst. p. 98 ; Harm., Lich. de Fr., p. 705 ; Olivier, Europe I, p. 260 ; Jatta, Syll. Italic., p. 155 ; de Croz., Vizzav., p. 46. Syn. *Gyrophora polyphylla* var. *Deusta* Th. Fries. *Gyrophora deusta* Ach., Meth., p. 102.

Lac Nino, sur roche quartzeuse. Stérile.

*** *f*ᵃ *brotera*** Ach., Meth., p. 103 ; Harm., l. c. ; Oliv., l. c., p. 261.

Rochers siliceux, hauts sommets. Stérile.

Thalle percé-criblé, déchiqueté sur les bords, comme celui de *G. Erosa*, très lacuneux en dessous. Médulle Cl + rouge, ainsi que le type. Assez commun.

*** 89. — Gyrophora polyrrhiza** (L.), Krb., Prg., p. 41 ; Jatta, Syll. italic., p. 156. *Umbilicaria sp.* Fr., Lich. Eur., p. 358 ; Harm., Lich. de Fr., p. 707.

Sur les rochers siliceux, en montagne.

90. — Gyrophora cylindrica (L.) Ach., Méth., p. 107 ; Jatta, Syll., p. 154 ; Mah. et Gill, Ouest de la Corse, n° 244 ; de Crozals, Vizzavona, p. 46.

Sur quartzite, au lac Nino, où Lutz et Maire l'avaient récolté en 1901.

CRUSTACÉS

PANNARIÉS Hue

XXXI — Pannaria Del. 1855

91. — Pannaria nebulosa (Hffm.) Nyl., Prod. 67 ; Jatta, Syll. Italic., p. 170 ; Harm., Lich. de Fr., p. 777 ; Mah. et Gill., Ouest de la Corse, n° 210.

Sur de vieilles mousses. Stérile.

92. — Pannaria microphylla Nyl., Prodr., p. 68 ; Mah. et Gillet, Lich. Ouest de la Corse, n° 89 ; de Crozals, Lich. Vizzav., p. 47.

Sur écorce de chêne.

*** 93. — Pannaria tetraspora** MAH. et GILL., (Spec. Nov.).

> Sur la terre humide. Thalle brun ou blanc, membraneux, cendré par places, à laciniures étroites, ascendantes, divisées, granulées et gonflées aux extrémités, granulations serrées, blanches à l'intérieur.
>
> Gonidiès rondes 12 à 15^{mus}; Thalle K =; Cl —.
>
> Apothécies lécidéines, larges de 2^{mm}, dépassant le Thalle, nombreuses, contiguës, pressées, coalescentes; disque convexe à la fin, rouge-foncé, fortement découpé au pourtour, pas de bord propre dès le début. Epithecium jaune, Thecium légèrement jaunâtre, hypothecium incolore; Paraphyses hyalines, jaunes au sommet, cohérentes, non articulées, claviformes à l'extrémité. Thèques de 70 — 75 × 20^{mus}. *Spores par quatre*, hyalines, unicloisonnées, à cloison épaisse, subpolocœlées, de 12 — 15 — 20^{mus} × 6 — 8 — 9^{mus}. Hym. + 1 = bleu.
>
> Cette espèce assez rare, se développe sur la terre humide et se rapproche de *Pannaria brunnea* Mass. ; elle s'en éloigne par le périthèce sans bord propre, par ses spores subpolocœlées et par 4. Elle constitue un groupe particulier parmi les *Pannaria*.

XXXII — **Coccocarpia** Pers. 1845

94. — Coccocarpia plumbea (Lightf.) Nyl., Syn. II, p. 42, Pyr.-Or., p. 32 ; JATTA, Syll. Italic., p. 165 ; MAH. et GILL., Ouest de la Corse, n° 90 = *Pannaria plumbea* (Krb.) HARM., Lich. de Fr., p. 782 ; de CROZ., Vizzav., p. 47.

> A la base des troncs d'arbres, sur les bords du Golo, lac Nino.

XXXIII — **Psoroma** Fr. 1860

95. — Psoroma hypnorum (Hoffm.) Nyl., Syn. II, p. 22 ; MAH. et GILL., Ouest de la Corse, n° 91 ; de CROZ., Vizzav., p. 46 = *Pannaria sp.* Korb. ; HUE, Causerie sur les *Pannaria*, Soc. Bot. de Fr., 1901.

> Sur les troncs moussus.

HEPPIÉS Hue

XXXIV — **Heppia** Næg. 1853

*** 96. — Heppia reticulata** Nyl., Sahara, 1878, p. 339 ; HARM., Lich. de Fr., p. 789 ; JATTA, Syll., p. 164 = *Endocarpon reticulatum* Duf., in Fr., L. E., p. 410.

Sur la terre, le long des rives du fleuve Golo.

Thalle testacé-jaunâtre, opaque, épais de 0,415 millim., à **surface** ridée-aréolée K + jaune; dessous pâle; les deux cortex en plectenchyme; Gonidies très peu colorées en vert-bleuâtre, de 5 — 9^{mus} de diamètre.

Apothécies innées jusqu'à la fin, roses extérieurement. Spores rares, simples, hyalines, de 11 — 14 × 6 — 8^{mus}. Spermaties en bâtonnets 5 × 0,9 — 1^{mus}

Espèce non signalée en France; signalée par Jatta, l. c., en Sicile (stérile) et par Norrlin, à Biskra, Flagey, Algérie, p. 22.

Nous n'avons trouvé, en mélange, qu'une seule squame, de 9 mill. de diamètre, et portant une dizaine de points d'émergence.

LÉCANORÉS

XXXV — **Squamaria** D. C. 1805

*97. — **Squamaria lentigera** D. C. Fl. Fr. II., p. 376; Oliv.-Lich. Eur. II, p. 37; Jatta, Syll. Italic, p. 176. = *Lecanora lentigera* Ach., L. U. p. 423; Harm., **Lich. de France, p. 922.**

Sur les mousses et la terre calcaire.

Nos échantillons, quoique bien développés, sont stériles. Nous les rapportons à cette espèce, en faisant toutefois la remarque que la potasse colore le thalle, sous la pruine, en jaune foncé; Cl, employé seul, est sans action, tandis que, combiné à la potasse, il conserve la même coloration jaune au cortex.

98. — **Squamaria cartilaginea** D. C.; Nyl., Syn. II, p. 64; Oliv., Lich. d'Eur. II, p. 47; Mah. et Gill., **Ouest de la Corse, n° 93.** = *Lecanora (Squamaria) cartilaginea* Ach. L. U., p. 415; Harm., L. de Fr., p. 926.

Près de Calacuccia, à la ligne de partage des eaux sur les pierres siliceuses d'un mur; pierres siliceuses, quartzite, porphyres rouges, au lac Nino, rives de l'Erco.

Thalle et bord des apothécies K + jaune pâle, avec des traces de rouge, à la longue; K (Cl) —.

*99. — **Squamaria concolor** (Ram.) Nyl., Lich. Delph., p. 261; Oliv., L. Eur. II, p. 54, Jatta, Syll. Italic, p. 178 (Sous-Genre). = *Lecanora concolor* Schær., En. 65; Harm., Lich. de Fr., p. 936.

Sur les schistes.

Nos échantillons sont stériles. Le thalle, insensible à Cl, jaunit un peu, mais lentement, par la potasse, ainsi que par K (Cl).

***100. — Squamaria chrysoleuca** (Sm.), Nyl., Scand. p. 131 ; Oliv., Lich. d'Eur. II, p. 45 ; Boistel, Nouv. Fl. des Lich. II, p. 90. = *Lecanora rubina* Hepp. = *Lecanora chrysoleuca* Ach., L. U. p. 411. = *Lecanora (Squamaria) sp.* Harm. Lich. de Fr., p. 930 ; Jatta, Syll. Italic, p. 177.

Sur les roches siliceuses et granitiques, assez souvent en mélange avec les deux variétés suivantes.

***1° — *Var. pseudomelanophthalma* Harm., l. c. p. 931.**

Thalle jaune très pâle, K + jaune, ce qui distingue cette plante du *S. melanophthalma* ; apothécies nombreuses, pressées, d'abord, étant jeunes, d'un carné-rougeâtre, puis, en grandissant, tachées de noir et devenant complètement noires.

***2° — *Var. complicata* Ach., l. c. ; Jatta, l. c. p. 177; Olivier, l. c. p. 46.**

Sur les roches siliceuses.
Le thalle devient jaune par la potasse.

***3° — *Var. nigromarginata* Nyl., Syn. II, p. 62 ; Oliv., Lich. d'Eur. II, p. 46. = Var *melaloma* Nyl.**

Sur les roches siliceuses et la terre des roches.
Thalle K + jaunâtre.

***4° — *Var ecrustacea* Mau. et Gill. (Var. nov.).**

Sur les roches silico-quartzeuses.

Nous donnons à cette variété, *par analogie*, le même nom que Nylander a donné à une plante de Weddel, du massif de Ligugé (1873) : *Squamaria saxicola* f* *ecrustacea* (Wedd.) Nyl. ; Harmand, Lich. de Fr. p. 949 ; Oliv., Eur II, p. 48.

Si le thalle, ici également, est presque nul, réduit à quelques petites squames jaunâtres appliquées, arrondies ou lobulées, K + jaune, les apothécies appartiennent bien au *Chrysoleuca*.

D'ailleurs les spores de notre plante, quoique plus petites, se rapprochent davantage des spores de cette espèce, $10-12 \times 5-6^{mus}$, que de celle du *saxicola*, $10-16 \times 6-7^{mus}$.

Apothécies nombreuses, pressées, accumulées par places ou en ligne, ne dépassant guère 2 mill., d'abord concaves, puis plates, à disque carné pâle, un peu jaunâtre, bullé-verruqueux, avec souvent un mamelon au centre concolore, à bord jaune clair, ou un peu plus pâle que le disque, d'abord épais, puis s'amincissant, irrégulier, flexueux-festonné, persistant ; spores *subcylindriques*, arrondies aux deux bouts, de $9-13 \times 2-4^{mus}$; thèques de $28-30 \times 10-12^{mus}$.

Bord thallin K -+- jaune, dans une préparation, Cl — K (Cl) — , disque insensible aux réactifs.

*101. — **Squamaria melanophthalma** D. C., Fl. fr. II, p. 376 ; Nyl., Scand. p. 131 et Syn. II, p. 61 ; Olivier, Lich. d'Europe II. p. 46. = *Squamaria chrysoleuca* **var.** *melanophthalma* Th. Fr., Scand 225 ; Boistel, Nouv. Fl. Lich. II, p. 90. = *Lecanora (Squamaria) melanophthalma* Harm., Lich. de Fr. p. 931 ; Jatta, Sylloge *Italicorum*, p. 177.

Sur les schistes et sur les rochers granitiques, parfois en mélange avec S. *chrysoleuca*.

Le thalle est insensible à l'action de la potasse, ou devient très peu jaune ; Cl, K (Cl) —.

Spores simples de $8 - 10 \times 4 - 5^{mus}$.

*102. — **Squamaria peltata** D. C., Fl. fr. II, p. 377 ; Boistel, Nouv. Fl. des Lich. II, p. 91 ; Olivier, Eur. II, p. 47. = *Lecanora (s.-g. Squamaria) peltata*, Harm., Lich. de Fr., p. 933 ; Jatta, Syll. Italic, p. 175. = *Psoroma concinnum* Bagl.

Hauts sommets, dans les fentes des roches granitiques ; très rare en Europe (Olivier).

Thalle jaune-verdâtre ou un peu bruni, épais, coriace, le plus souvent monophylle, *pelté*, à squames polymorphes, pressées, finement rugueuses ou sillonnées inégalement, comme gravées ; dessous pâle au centre, noir-bleu à la périphérie, K —.

Apothécies de 2-3 mill, de diamètre, à disque testacé-rougeâtre, nu, planes à la fin, et à marge entière, puis crénelée ; spores simples, hyalines, elliptiques de $10 - 14 \times 5 - 6^{mus}$, par huit dans les thèques de $40 - 45 \times 13 - 16^{mus}$.

Hymenium I + bleu, jaune à la loupe ; hauteur du thecium 85 à 100^{mus}.

*103. — **Squamaria olivacea** (Duf.) — Oliv., Eur. II, p. 60. Syn. *Diphratora olivacea* Jatta, Syll. p. 264 ; *Lecanora sp.* Harm., L. de Fr., p. 1068.

Thalle fragmenté, incomplet ; spores d'abord simples, puis 1-septées (après coloration) ; sur roche dure.

104. — **Squamaria saxicola** (Poll.) — Nyl., Prodr., p. 316 ; Mah. et Gill , Ouest de la Corse n° 92 ; de Croz. Vizzav., p 49. = *Psoroma* Flagey : *Lecanora* Ach.

Sur roche siliceuse et terre des roches calcaires.

***1°** *Squamea* Nyl. ; Harm., Lich. de Fr., p. 949 ; Olivier, Lich. d'Europe II, p. 48.

Sur une roche granitique.

ThalleK + jaunâtre. Spores non vues dans notre échantillon.

***2°** Var. *diffracta* (Ach.) Nyl., Scandin., p. 133. = *Lecanora saxicola* var. *diffracta* Stizenb. ; Harm. Lich. de Fr., p. 959 ; Jatta, Syll. Italic., p. 179. = *Squamaria diffracta* Olivier, Lich. d'Eur. II, p. 51.

Sur une roche granitique, au sommet du Monte Cinto.

Nous réparons ici un oubli fait en 1914, dans nos Lichens de l'Ouest de la Corse, Autun.

***3°** = *Var. insulata* D. C. ; Duby., Bot. Gall., p. 658 ; Oliv., Lich. d'Eur. II, p. 51 ; Harm., Lich. de Fr., p. 951.

Sur une roche siliceuse.

105. — Squamaria erminea (Hue.). Mah. et Gill.. Lich. de l'Ouest de la Corse, n° 96. = *Lecanora erminea* Hue. Spec. nov., 1914.

Sur les schistes, parfois humides, cours supérieur du Golo.

***106. — Squamaria configurata** (Nyl.) Olivier, Lich. Eur. II, p. 52. = *Lecanora sp.* Nyl., *in-flora*, 1884, p. 389 ; 1885, p. 43 ; *Addenda nova ad Lichenographiam Europæum Nylander*, in-Hue., 1886 ; groupe du *Lecanora saxicola*.

Sur une roche quartzeuse, rives du fleuve Golo.

Thalle jaune-roussâtre appliqué, en rosettes, aréolé serrées au centre, radié au pourtour, à laciniures plates ou concaves, à bords arrondis, médulle K + jaune ; Cl — ; I —.

Apothécies pressées au centre, petites, testacées, à marge thalline peu élevée, K —.

Spores petites $7 - 8 \times 4 - 5^{mus}$, elliptiques, simples, par huit dans des thèques de $30 - 35 \times 8 - 10^{mus}$.

Hymenium I + bleu, jaune-verdâtre dans l'épithecium.

Cette plante n'a, jusqu'à présent, été signalée qu'en Hongrie (Loika).

***107. — Squamaria Garovaglii** (Krb.) Boist., Nouv. Flore des Lichens, II, p. 92 ; Oliv., Eur., II, p. 49, = *Placodium sp.* Krb. Par., p. 54 ; Harm.. Lich. de Fr.,

p. 951. = *Squamaria saxicola* var. *Garovaglii* Nyl., Lich. du Dauphiné, p. 261.

Roches granitiques sur les rives du Golo, associé à divers *Aspicilia*; stérile.

XXXVI — Placodium D. C. 1805

*108. — **Placodium callopismum** (Ach.) Mérat., Paris, 2e édit., t. I, p. 184 ; Mah. et Gill., Lich. Baléares, n° 48. = *Leconora callopisma* Ach., Lich. Univ., p. 437. ⇒ *Amphiloma callopisma* Jatta, Syll. italie., p. 239. = *Amphiloma aurantia* Hue ; Harm., Lich. de Fr., p. 806.

Sur le granit à tourmaline, rives du Golo.

*109. — **Placodium elegans** (D. C.), Nyl., Prod. p. 74 ; Olivier, Europe, II, p. 85 ; Mah et Gill., Lich. des Iles Baléares, n° 47. = *Amphiloma sp.* Harm., Lich. de Fr., p. 802 ; Jatta, Syll. italic., p. 241.

Sur les roches siliceuses, rare.

*110. — **Placodium fulgens** (Sw.) Ach., Lich. Univ., p. 437 ; Harm., Lich. de Fr., p. 954 ; Jatta, Syll. italic., p. 176.

Terre calcaire moussue.

**Var sordidum* Fr., Boist., Nouv. Fl. des Lich., II, p. 102.

*111. — **Placodium thallincolum** (Wedd.) — Oliv., Lich. d'Eur., II, p. 92. = *Lecanora murorum* var. *thallincola* Wedd., Ile d'Yeu, p. 274. = *Amphiloma Heppiana* var. *thallincola* Harm., Lich. de Fr., p. 811.

Roches quartzeuses, sur les rives du fleuve Golo, *parasite sur* le thalle de *Aspicilia trachytica* Mass.

XXXVII — Hæmatomma Mass. 1855

*112. — **Hæmatomma** Sp.

Sur un sapin, un seul fragment stérile.

Par son thalle assez épais, verruqueux-aréolé, il rappelle, sauf la couleur blanchâtre et non jaune-verdâtre, *H. ventosum* (Fr.) Krb., comparé à nos échantillons de l'*Ouest de la Corse*, n° 135, provenant du Monte Cinto et du Monte Rotondo.

Mais par son habitat sur écorce, son thalle blanchâtre, légèrement teinté de gris, ses apothécies naissantes jaune-brunâtre un peu enfoncées dans les verrues, quoique stériles et parfois remplacées par des spermogonies, nous rapprochons notre plante de *H.cismonicum* Beltr.

Le thalle est insensible aux réactifs.

Spermaties droites, longues de 4 — 5 ^{mus}.

Gonidies jaunes ou jaune-verdâtre atteignant 17 ^{mus} de diamètre.

A. — Spores polocœlées

XXXVIII — **Caloplaca** Th. Fr. 1860

****113. — Caloplaca cerina** (Ehrh.), Th. Fr., L. Scand., p. 173 ; Olivier, Lich. d'Eur., II, p. 119 ; Jatta, Syll., Italic.. p. 253 ; de Croz., Vizzav., p. 49. = *Lecanora cerina* Ach., Univ., p. 390 ; Nyl.. Lich. Scand,, p. 144.

Sur l'écorce des noyers.

***114. — Caloplaca cerinella** Nyl., Add., n° 504 ; Pyr.-Orient., pp. 7 et 32, Lich., Paris, p. 50 ; Olivier, Lich. d'Eur., II, p. 124.

Sur l'écorce des hêtres.

***115. — Caloplaca reflexa** Nyl., Boistel, II, p. 20. = *Lecanora (Candelariella) reflexa* Nyl., Lich., env. de Paris, p. 52 ; Harm., Lich. de Fr., p. 869. = *Lecanora phlogina* Nyl., Env. de Paris, n° 121.

Sur les mousses, vallée du Golo.

116. — Caloplaca ferruginea (Huds.) Th. Fr., Scand. p. 182; Oliv., L. Eur., II, p. 130 ; Flagey, Fr.-C., p. 249 ; Jatta, Syll. Italic. p. 245 ; Mah. et Gill. Ouest de la Corse, n° 124 ; de Croz., Vizzav., p. 48.

Sur les écorces, près du lac Nino.

Thalle cendré sombre, assez épais, fendillé. Apothécies assez grandes, avec un bord thallin grisàtre devenant cendré, très mince, persistant.

Spores polocœlées, de 13 — 15 × 6 — 8 ^{mus}. Epithecium K + rose clair ; hymenium I + bleu, le sommet des thèques devenant bleu foncé.

***1° — *Var. plumbea* Mass.**, Jatta, Syll. Italic.,

p. 246. — *Caloplaca festiva* var. *plumbea* (Mass.) ;
Oliv., L. d'Eur., II, p. 132.

Sur roche siliceuse, près du Golo.

2° — *Var. hypothallina* Harm., Lich. de Lorr.,
p. 272 ; Mah. et Gill., Ouest de la Corse, n° 124.

Sur quartzite, rives du Golo.

*117. — **Caloplaca granulopalla** Mah. et Gill. (*Spec. nov.*).

Sur quartzite à tourmaline, au lac Nino.

Thalle en croûte épaisse, granuleuse, irrégulière, gris un peu foncé, à pourtour peu débordant, noir foncé, K + rougeâtre ; Cl + rouge.

Apothécies brun-rouge, rares, isolées, de un à 1,5^{mm} de diamètre, planes, puis convexes, à bord propre peu épais, concolore et luisant ; contour irrégulier présentant des invaginations en scissures profondes, toujours un peu plus élevées que le thalle ; epithecium jaune, thecium et hypothecium incolores, d'une épaisseur totale de 160^{mus} ; paraphyses articulées, article terminal ovoïde ; thèques allongées de 100×15^{mus}, contenant huit spores incolores, polocœlées, à cloison très épaisse à la fin et à tube axile, mesurant $18 - 20 - 22 \times 9 - 10^{mm}$: Hymen. I + bleu.

Cette espèce se rapproche de *Caloplaca ferruginea* ; elle s'en différencie par la couleur du thalle, ses apothécies profondément crénelées et la grandeur des spores.

*118 — **Caloplaca ferruginascens** (Nyl.) Olivier, Lich.
d'Eur., II, p. 133. — *Lecanora sp.*, Nyl., Pyr.-Or.,
p. 6.

Sur roche schisteuse, le long de l'Erco.

*119. — **Caloplaca lamprocheila** (D. C.), Duby. Bot. gall.,
p. 655 ; Oliv., Lich. d'Eur., II, p. 134, = *Lecanora
sp.* Hue, Lich. d'Aix, p. 21. = *Caloplaca athroocarpa*
Anzi ; Jatta, Syll. italic., p. 247.

Sur les roches siliceuses, vallée du Golo.

*120. — **Caloplaca vitellinula** Nyl. ; Olivier, Lich. de
l'Ouest, 1, p. 232 : Boist., Nouv. Fl. des Lich., II,
p. 112 ; Mah. et Gill., Lich. des Iles Baléares, n° 57.
Lecanora vitellinula Nyl., *in-flora* 1863, p. 305 ; Harm.,
Lich. de Fr., p. 841.

Sur écorce, rives du fleuve Golo, associé à deux *Physcia*.

121. — **Caloplaca pyracea.** Th. Fries., Lich. Scand., p. 178 ;

Mah. et Gill , Lich. Ouest de la Corse, n° 125 ; id.,
Lich. Baléares, n° 58 ; de Crozals, Lich. Vizzav.,
p. 48. = *Lecanora pyracea* Nyl., Scand., p. 145. =
Caloplaca luteoalba (Krb.), Jatta, Syll. italic., p. 251.

Sur l'écorce des pommiers, rives du Golo.

*1° — *Var rupestris* Malbr., Lich. des murs d'ar-
gile, p. 8 ; Harm., Lich. de Fr., p. 843.

Sur roche siliceuse, le long des rives du Golo.
Sur un mur, à *Calacuccia*.
Thalle presque nul K —. Apothécies K —|— rouge-violacé foncé ;
epithecium I + bleu intense persistant.
Spores polocœlées, à tube axile bien visible, de $9-12 \times 4-6^{mus}$,
par huit dans des thèques de $50-55 \times 12^{mus}$.

*2° — *Var rupestris* f^a *rubescens* Harm., Lich. de
Fr., p. 843.

Roches granitiques, rives du Golo.
Végète sur le thalle de différents lichens.
Apothécies rouge-orangé K + rouge foncé ; spores elliptiques,
polocœlées, à loges écartées et à tube axile.

122. — **Caloplaca aurantiaca** Th. Fr., Scand., p. 177 ;
Flagey, Algérie, p. 32 ; Jatta, Syll. italic., p. 247 ;
Mah. et Gill., Ouest de la Corse, n° 249 ; de Croz.,
Vizzav., p. 48.

Sur roche siliceuse, au bord du Golo et sur les roches granitiques.

* *Var. pseudoparasitica* Lamy, Lich. du Mont-Dore,
p. 230.

Écorce de chêne, thalle nul et spores polocœlées, rives du Golo.
Cette variété a été signalée par Lamy sur des rochers semi-
inondés.

***123.** — **Caloplaca variabilis** (Pers.), Th. Fr.
Var ochracea Müll., Classlf, p. 47 ; Oliv., Lich.
d'Eur., II, p. 147 ; Harm., Lich. de Fr., p. 852.

Sur quartzite, murs de *Calacuccia*.

***124.** — **Caloplaca subflavens** Lamy, Mont-Dore, p. 61 ;
Nyl., Lich., Paris, p. 48 ; Boist., II, p. 116.

Sur une roche schisteuse, associé à *Verrucaria pulicaris*.

***125.** — **Caloplaca atroflava** (Turn.), Nyl., Paris, p. 49 ;

BOISTEL, Nouv. Fl. des Lich., II, p. 117. = *C. scoto-placa* Nyl.

Sur les roches granitiques humides, près du Golo.

*126. — **Caloplaca arenaria** (Pers.), Mass. Blast., p. 113; JATTA, Syll. Italic., p. 257. = *Placodium arenarium* Hepp.; FLAGEY, Algérie, p. 31. — *Placodium teicholytum* var. *arenarium*, BOISTEL, Nouv. Flore des Lich., II, p. 101. = *Lecidea erythrocarpia* var. *arenaria*, Schær. Eu., p. 145.

Sur roche granitique, près du Golo.

127. — **Caloplaca vitellina Th. FRIES, Lich. Scand., p. 188; FLAGEY, Fr.-C,, p. 252; JATTA, Syll. Italic., p. 262; MAH. et GILL., Iles Baléares, n° 56; DE CROZ., Vizzav., p. 47. = *Candelaria* sp. Krb. Syst., p. 121. = *Gyalolechia* sp., BOIST , Nouv. Fl. Lich., II, p. 120. — *Candelariella* sp., HARM., Lich. de Fr., p. 865.

Sur les pierres siliceuses des murs, dans les environs de Calacuccia; sur les roches granitiques, vallée du Golo.

*1° *Var athallina* WEDD., Ile d'Yeu, p. 278, BOISTEL, Nouv. Fl. Lich. II, p. 120; HARM., Lich. de Fr., p. 866.

Sur roche schisteuse, rives du Golo, sur le thalle de *Aspicilia coronata*.

**2° *Var. arcuata* HOFFM., Deutsch. Fl., II, p. 197; DE CROZALS, Vizzav., p. 48.

Sur roche siliceuse, au bord de l'Erco.

128. — **Caloplaca epixantha (Ach.), OLIVIER, Lich. d'Europe, II, p. 151; Lich. Ouest, I, p. 246; DE CROZ., Vizzav., p. 48. = *Caloplaca subsimilis* Th. Fr., p. 189; JATTA, Syll. Italic., p. 257. = *Gyalobechia aurella* Krb. Prg., p. 51.

Sur les roches, assez rare.

B. — Spores simples, ordinairement par 8.

XXXIX — **Lecanora** Ach., 1810

129. — **Lecanora glaucoma** ACH., L. U., p. 362; HARM., L. de Fr., p. 995; MAH. et GILL., Ouest de la Corse, n° 99; DE CROZ., Vizzav,, p. 50. = *Lecanora sordida* Th. Fr.,

Scand. 246 ; JATTA, Syll. italic., p. 205. = *L. rimosa*
Schær. En., p. 71.

Lac Nino, près du fleuve Golo, sur roche siliceuse et quartzite.

*** — *Var. grumosa* Mass. Ric., 3 ; JATTA, Syll. Italic.,
p. 206.**

Même habitat que le type.

Thalle épais, fendillé-aréolé, puis crevassé, d'un blanc sale
tirant sur le gris, sans hypothalle visible, I — ; K + jaune, puis
orange ; Cl, K (Cl) + rouge.

Apothécies immergées ou dépassant peu le thalle, grandes, à
disque noir, mat, sans pruine ou presque, Cl + jaune ; K + jaune
(thecium) ; à bord thallin blanc, flexueux, persistant, K + jaune,
puis orange ; hymenium I + bleu. Spores $12 \times 4 - 5,5^{\text{mus}}$;
thèques $32 - 35 \times 12 - 13^{\text{mus}}$.

130. — Lecanora sulphurata, Nyl., Pyr.·Or., p. 286 ; HARM.,
L. de Fr., p. 999 ; MAH. et GILL., Ouest de la Corse,
n° 99 (variété) ; DE CROZ., Vizzav., p. 51. = *L. glaucoma* var. *sulphurata* Ach. Syn., p. 166. = *L. flaves-
cens* Byl., Lich. Sard., 1879 ; JATTA, Syll. Italic.,
p. 207.

Rives du Golo et Lac Nino, sur les roches granitiques, assez
commun.

On le trouve aussi, mais stérile, dans les endroits humides, sur
les mêmes roches. associé à *Aspicilia lacustris* ; peu fréquent sur
les roches volcaniques.

Uu de nos échantillons nous montre des apothécies nettement
lécidéines, peu pruineuses, noires, le bord propre, saillant et très
visible, ayant refoulé le bord thallin qui n'est apparent qu'aux
jeunes apothécies ; thalle K + jaune ; Cl + rose (Cortex) ; K (Cl)
+ rouge-orangé ; disque Cl + jaune. Il y a ici analogie avec la
var. *lecidina* Schær. du *glaucoma*, mais dont le thalle est insensible au chlorure de chaux et en diffère par la couleur non
jaune.

Spores subglobuleuses ou ovoïdes, de $8 - 12 \times 4 - 4,5^{\text{mus}}$.

131. — Lecanora subfusca, Hue. ; HARMAND, Lich. de Fr.,
p. 968 ; MAH. et GILL., Ouest de la Corse, n° 101 et
Lich. des Iles Baléares, n° 69 ; JATTA, Syll. italic.,
p. 187 ; DE CROZ., Vizzav., p. 50.

Commun sur les troncs et les branches de diverses essences,
souvent en mélange ; sur écorce de châtaignier, au lac Nino.

***1°** *Var allophana* Ach. Lich. Univ., p. 395 ; OLIV.,

Lich de l'Ouest, II. p. 269 ; Harm., l. c. ; Jatta,
l. c.

Sur les pommiers, près du Golo.

* 2º *Var. rugosa* (Pers.) Nyl., Lich. Scand., p. 160 ;
Harm., l. c., p. 972 ; Jatta, l. c. ; Mah. et Gill., Iles
Baléares, nº 69.

Même habitat.

132. — **Lecanora chlarona** Nyl. ; Harm. L. de Fr., p. 978 ;
Mah. et Gill., Ouest de la Corse, nº 246.

Sur les hêtres.

* *Var geographica* Nyl., Pyr.-Or., p. 34 ; Harm.,
L. de Fr., p. 978. = *Lecanora subfusca* var. *chlarona*
*f*ª *geographica* Hue ; Boist., IIᵉ partie, p. 136 ; Jatta,
Syll.. Italic., p. 189.

Sur l'écorce des pommiers, rives du fleuve Golo.

* 133. — **Lecanora coilocarpa** (Ach.) Lamy, Mᵗ Dore, p. 72;
Hue., env. de Paris, nº 78 ; Harm., Lich. de Fr.,
p. 984. = *L. subfusca* var. *coilocarpa* Ach., L. U.,
p. 393 ; Flagey, F.-Comté, p. 273 ; Jatta, Syll. Italic., p. 188.

Sur écorce usée et le vieux bois.

** 134. — **Lecanora intumescens** Krb., Syst., 143 ; Jatta,
Syll. Italic., p. 192 ; Harm., Lich. de F., p. 985 ;
Boistel, Nouv. Fl. des Lich., IIᵉ partie, p. 137
(groupe du *Lecanora subfusca* Ach.) ; de Croz., Vizzav., p. 50.

Sur l'écorce des hêtres.

Notre échantillon ne comporte que deux ilots limités par des
Lécidées.

Thalle blanchâtre, un peu plissé-rugueux. K + jaune, Cl —.

Apothécies séparées, sessiles, de un millimètre environ de
largeur, à disque nu, brun-rougeâtre. puis brun, Cl — ; bord
épais, blanc, peu pruineux, infléchi, saillant, flexueux.

Spores ovoïdes, simples, de 10 — 13 × 5,5 — 7 ᵐᵘˢ. Epithecium
jaune-brun, thecium cendré ou parfois verdâtre, hypothecium
incolore, I + bleu.

Thecium haut de 80 à 120 ᵐᵘˢ.

* 135. — **Lecanora albella** (Pers.) Ach., Lich. Univ., p. 369,

Harm., Lich. de Fr., p. 986 ; Nyl. Flora, 1872, p. 365.

Sur les chênes et les hêtres, rives du Golo.

136. — **Lecanora angulosa** Ach., Lich. Univ., p. 364 ; Harm., Lich. de Fr., p. 988 ; Jatta, Syll., italic., p. 194 ; Mah. et Gill., Ouest de la Corse, n° 276 ; de Croz., Vizzav., p. 50. = *Lecanora albella* var. *angulosa*, Th. Fr. Scand., p. 244.

Sur les chênes et les pommiers, rives du Golo.

137. — **Lecanora galactina** Ach., L. U., p. 424 ; Harm., Lich. de Fr., p. 1004 ; Jatta, Syll. Italic., p. 185 ; maheu et Gill., Ouest de la Corse, n° 274 (Norrlin) ; Iles Baléares, n° 72 ; de Croz., Vizzav., p. 51.

= *Psoroma galactinum* Müll. ; Flagey, Fr.-Comté, p. 214, Algérie, p. 26. = *Squamaria galactina* Nyl., Scand., p. 134.

Sur une roche quartzeuse, associé à *Buellia leptoclinis*, vallée du Golo supérieur.

Dans notre échantillon, la potasse jaunit le thalle ; les spores sont subsphériques, de 8 — 10 × 5 — 7 mus, uni ou bisériées dans les thèques.

*138 — **Lecanora scrupulosa** Ach., L. U., p. 375 ; Harm., Lich. de Fr., p. 977 ; Boist., Nouv. Flore des Lich., II, p. 132. = *Lecanora albella* var. *scrupulosa* Oliv., Lich. de l'Orne, p. 153. = *L. pallida* var. *scrupulosa* (Ach.) Flagey, Lich. de Fr.-Comté, p. 275.

Sur de vieilles écorces.

** 139. — **Lecanora cenisia** Ach. ; de Croz., Vizzav., p. 50.
* *Var melacarpa* (Nyl.), Harmand, Lich. de France, p. 992 ; Boist., Nouv. Flore des Lichens, II, p. 131 ; Lamy, Mt Dore, n° 279. = *Lecanora atrynea* var. *melacarpa* Nyl.

En mélange, sur de vieilles écorces.

Apothécies moyennes 1 à 1,40 mill., noires, très pruineuses, à pruine bleuâtre, plates, zéorines ; bord thallin blanc, épais, persistant, entier.

Spores par huit, ou moins, brièvement elliptiques, de 9 — 11 × 6 — 7,5 mus.

Hymenium I + bleu ; Cl —, Thalle K + jaune, passant lentement au rouge dans la médulle, par places ; Cl, K(Cl) —.

Hauteur du thecium 75 mus.

* 140. — **Lecanora fuscescens** Smrf., Lap. 161 ; Nyl., in-fl. 1872, 552 ; Jatta, Syl. Italic., p. 195.

Groupe *L. Hageni* Ach.

Sur l'écorce d'un conifère, près du Golo.

Espèce nouvelle pour la France.

Thalle mince, granuleux, cendré blanchâtre au pourtour, cendré-foncé-obscur au centre, où il est envahi, ainsi que le bord thallin, par une algue dont les gonimies brunes en chapelets forment de longs filaments qui pénètrent les tissus. Ce parasite influe sur la formation des thèques et des spores, rares et mal venues.

Cependant, au cours de plusieurs coupes consécutives, nous avons constaté 8 spores (et même 12) par thèque, ellipsoïdales, de $6 - 10 \times 3,5 - 5^{mus}$, ou subglobuleuses de $4 - 6^{mus}$ de diamètre, généralement unisériées.

Apothécies petites ($0^{mm}2$ à $0^{mm}4$) gyalectiformes, devenant rarement plates à la fin, à disque brun-rougeâtre nu, à bord épais, entier, persistant, concolore au thalle. Jatta indique un bord mince « *margine tenui integro* ».

Hauteur du thecium 55 à 60^{mus}.

** 141. — **Lecanora polytropa** Schær. En. 81 ; Jatta, Syll., p. 198 ; Harm., L. de Fr., p. 1033 ; de Croz., Vizzav., p. 51. — *Lecanora varia* var. *polytropa* Nyl., Prodr., p. 90.

Sur une roche granitique, près du lac Nino.

* 142. — **Lecanora frustulosa** (Dicks) Mass., Ric., p. 10 ; Ach., L. U.., p. 405 ; Jatta, Syll. Italic., p. 202 ; Harm., L. de Fr., p. 1026.

Sur roche granitique, rives du Golo.

Les apothécies brun-noir ne dépassent guère un millimètre de diamètre. Le bord entier, à la fin subcrénelé, persistant et le disque toujours plat, rapprochent cette plante de la var. *argopholis* Krb. : Harm., l. c ; Boistel, Nouv. Fl. des Lichens, II, p. 142.

Spores simples, hyalines, ellipsoïdes, de $12 - 15 \times 5 - 6^{mus}$; thecium haut de 60 à 70^{mus}.

Thalle I — ; K + jaune ; Cl, K(Cl) —.

143. — **Lecanora varia** Ach., Lich. Univ., p. 377 ; Nyl., Lich. Scand., p. 163 ; Mah et Gill., Ouest de la Corse, n° 106.

Sur l'écorce des hêtres, au lac Nino.

144. — **Lecanora sarcopis** Ach., Syn., p. 177 ; Nyl., in-

flora 1869, p. 412 ; Mah. et Gill., Ouest de la Corse, n° 108. — = *Lecanora varia* var. *sarcopis* Ach., Lich. Univ., p. 378. = *Lecanora effusa* var. *sarcopis* Th., Fr., Scand., p. 263 ; Harm., Lich. de Fr., p. 1048 ; Jatta, Syll. italic., p. 197.

Sur l'écorce des hêtres, au lac Nino.

145. — **Lecanora atra** (Huds.) Ach., Lich. Univ., p. 344 ; Nyl., Lich. Scand., p. 170 ; Mah. et Gill., Ouest de la Corse, n° 105 et Lich. des Iles Baléares, n° 74 ; de Croz., Vizzav., p. 51.

Sur les roches siliceuses, assez commun.

* *Var arenosa* Mah. et Gill., Lich. des Iles Baléares, n° 74, Soc. Botan. de France, 1922.

Sur les roches siliceuses des murs, à Calacuccia.

146. — **Lecanora badia** Ach. Univ., p. 407 ; Nyl., Lich. Scand., p. 170 ; Flagey., Alg., p. 44 ; Harm., Lich. de Fr.. p. 1052 ; Jatta, Syll. Italic., p. 200 ; Mah. et Gill., Ouest de la Corse, n° 112 ; de Croz., Vizzav., p. 51.

Sur les roches granitiques, lac Nino.

* *Var. picea* (Dicks.) Harm., l. c., p. 1053 ; Boistel, Nouv. fl. des Lich., p. 142. = *Lecanora picea* Nyl., in-fl. 1868, p. 478. = D'après Jatta, *L. picea* est synonyme de *L. badia*.

Roche granitique.

*147. — **Lecanora fuscorubescens** Mah. et Gill. (*Spec. nov.*).

Sur roche granitique très dure, à grain très fin, cours supérieur du Golo.

Thalle assez épais, d'un beau brun-rouge, continu, non figuré au pourtour, aréolé, à cortex brun, rouge vermillon luisant dans la partie sous-jacente, cette teinte se continuant plus ou moins dans la médulle jusqu'au *substratum*, ce qui donne à l'ensemble une physionomie caractéristique ; aréoles petites, planes, pressées, irrégulières-anguleuses, ne dépassant guère un millimètre en largeur, hypothalle peu visible ; K + jaune, puis rouge-sang ; K (Cl) — ; I —, ou donne une teinte légèrement rosée sous le microscope.

Gonidies jaunâtres, de 12 à 18 ^{mus} de diamètre.

Apothécies petites, de 0,4 à 0,8 millimètres de largeur, exceptionnellement un mill., insérées sur les aréoles, élevées, à disque noir foncé, mat, plat, entouré de deux bords, l'un, thallin, brun, souvent rouge et luisant, disparaissant promptement, l'autre, *excipulum proprium*, débordant le disque, persistant, donnant l'apparence d'une *Lécidée*.

Spores hyalines, simples, elliptiques, arrondies aux extrémités, de $13 - 16 \times 7 - 9^{mus}$, par huit dans des thèques claviformes-ventrues, de $66 - 70 \times 23 - 27^{mus}$. Paraphyses minces, $2 - 3^{mus}$, très articulées, peu renflées au sommet, simples, parfois ramuleuses, cohérentes. Epithecium jaune-verdâtre ou brun verdâtre, thecium et hypothecium incolores ; thecium haut de 85 à 100^{mus}, hypothecium 40 à 50^{mus}. Hymenium I $+$ bleuâtre, puis vert-jaunâtre, avec les thèques jaunes ; K $-$; Cl $+$ jaune, epithecium $+$ rouge (réactions inconstantes).

Spermogonies non vues.

Cette espèce nouvelle appartient au groupe *badiæ* Ach.

Le *Lecanora badia* Ach. a le thalle châtain ou cendré, insensible à l'action de la potasse, le bord thallin persistant et ses spores fusiformes.

Ces caractères l'éloignent de notre plante.

Par contre, elle se rapproche de *L. vicaria* Th. **Fr.** par la réaction érithrynique du thalle K $+$ jaune, puis rouge-sang et par le double bord des apothécies ; elle en diffère par la couleur du thalle : brun-rouge et non cendré-blanchâtre et par celle du disque : noir et non rouge-brun ; nos spores mesurent $13 - 16 \times 7 - 9^{mus}$ et non $11 - 15 \times 3 - 3,5^{mus}$.

Il en est de même de *L. atriseda* var. *cinerescens* Harmand, Lich. de France, p. 1056 (même réaction) signalé sous le nom de *vicaria*, dans son Catalogue des Lichens de Lorraine, p. 320.

Le *L. nephtra* Smrft., Lamy, Mont Dore, 1880, p. 89, a bien le bord thallin rougeâtre-ferrugineux, devenant crénelé, par conséquent non fugace, mais la médulle n'est pas teintée de rouge. Le thalle donne K $-$.

Dans notre étude des Lichens des Iles Baléares, 1922, nous avons décrit, sous le n° 75, une espèce nouvelle, *Lecanora rufofusca* Mah. et Gill. dont le thalle roux-brun se rapproche du nôtre ; mais il est d'une teinte moins foncée, figuré au bord et ses aréoles sont plus petites dans leur ensemble, K $-$; de plus, ses spores cylindriques sont étroites $8 - 11 \times 2 - 3^{mus}$.

C. — Spores simples, très grandes

XL. — **Ochrolechia** Mass. 1855

148. — **Ochrolechia tartarea** Krb., S. L. G., p. 150 ; Lich. des Iles Canaries, par Pitard et Harmand, p. 52. $=$

Lecanora tartarea Ach., Lich. Univ., p. 371 ; Nyl., Lich. Scand., p. 157 ; Mah. et Gill., Ouest de la Corse, n° 110 ; = *Lecanora (Ochrolechia) tartarea* Jatta, Syll. italic., p. 208 ; Harm., L. de Fr., p. 1060.

Sur l'écorce des châtaigniers, paraît rare.

149. — Ochrolechia parella (D. C..) Arn., Lich. du Tyrol, p. 102 ; Pitard et Harmand, Lich. des Iles Canaries, p. 53 ; de Crozals, Vizzav., p. 51. = *Lecanora parella* Ach., Lich. Univ., p. 370 ; Nyl., Scand., p. 156 ; Mah. et Gill., Ouest de la Corse, n° 97. = *Lecanora (Ochrolechia) parella* Jatta, Syll. italic., p. 209 (var) ; Harm., L. de Fr., p. 1062.

Sur les châtaigniers, lac Nino, rives du Golo et sur les murs à Calaccuccia.

1° *Var. arborea* (Schær.) Lamy, Mt Dore, p. 82 ; Harm., l. c., p. 1063 ; Mah. et Gill., l. c., n° 247.

Même habitat, sur les châtaigniers.

2° *Var. plumbea* Ravaud, Guide du Botaniste (6° excursion), p. 20 ; Harm., l. c., p. 1064.

Sur quartzite, au lac Nino.

D. — Spores par 8, à 1-3 cloisons

XLI. — **Lecania** Mass. 1855

150. — Lecania erysibe Th. Fr. ; Nyl., Scand., p. 167. = *Lecania proteiformis* Mass., Sch. Cr., 1855, p. 92.

1° *Var. lecideina* Mass., l. c. ; Jatta, Syll. Italic., p. 267 ; Mah. et Gill., Ouest de la Corse, n° 131.

Roche siliceuse, lit du torrent l'Erco.

2° f^a nigrata Nyl. ; Harm., Lich. de Fr., p. 1075.

Lac Nino. Roche siliceuse.

Le thalle et le thecium sont envahis par une algue d'un noir-bleu ; spores nulles.

Nous avons cependant remarqué que l'epithecium est brun-marron, le thecium et l'hypothecium incolores.

Un bord propre plus clair, en dedans du bord thallin, est bien visible avec une forte loupe.

E. — Spores simples, par 8, grandes ; apothécies urcéolées,
immergées

XLII. — **Aspicilia** Mass. 1855

151. — **Aspicilia cinerea** Krb., Syst.. p. 164 ; Boistel, II,
p. 145 : Mah. et Gill.. Ouest de la Corse, n° 116 ;
de Croz. Vizz.. p. 55. = *Lecanora (Aspicilia) cinerea*
Flagey, Fr.-Comté, p. 299 ; Jatta, Syll. Ital., p. 211.

Sur granit, sur quartzite et sur roches siliceuses, près du
Golo.

*1° *Var. alba* Schær., En. 86 ; Flagey, l. c. ; Boistel, II, p. 145 ; Jatta, l. c.

Même localité, sur quartzite (stérile) ; sur des roches siliceuses,
fertile :

« *Thallus sordide albescens, vel cinereus* » (Jatta). Apothécies
petites, urcéolées, avec une pruine gris-cendré. Spores par 6, de
17 — 24 × 12 — 15 mus. Thalle K + jaune, puis rouge-sang.

*2° *Var. obscurata* Fr. Lich. Scand., p. 343 ; Nyl.
Scand., p. 153. : Jatta, Syll. Ital., p. 212.

Sur roches siliceuses, avec le type, même localité.
Thalle K + jaune puis rouge-sang. Spores semblables à celles
du type, mais unisériées dans des thèques cylindriques très
allongées, de 105 × 13 mus.

*3° *Var. oxydata* Ach. ; Jatta, l. c., p. 211. = *Urceolaria diamarta* Wahl., Lap. 414.

Roche granitique à surface ferrugineuse, le long du fleuve
Golo.
Thalle assez épais, très fendillé, oxydé, ochracé-rougeâtre généralement, quelques aréoles restant d'un cendré terne, sur un
fond ochracé, K + jaune, puis rouge-orangé ; I —.
Apothécies urcéolées, à deux bords bien visibles, le bord propre,
excipulum proprium, débordant bientôt le bord thallin. Thecium
haut 100 à 130 mus, I + bleu, passant au rouge-vineux, K —.
Les spores sont celles du type, rarement libres, de 15 — 22
× 9 — 14 mus, par huit sur deux rangs, dans des thèques renflées
au milieu et fortement atténuées à la base, de 55 — 75 × 26 —
27 mus.

*4° *Var. pantherina* Mass., Ric. 37 ; Jatta, l. c..
p. 211. = *Urceolaria cinerea*, var. *alba*, *f*ª *dedalea*
Schær.

Roche siliceuse près des rives du Golo.

* 5° *Var. ochracea* Schær. En. p. 87 ; Flagey, Fr.-C., p. 299 ; Boist., Nouv. Fl. des Lich., II, p. 145. = *Aspicilia ochracea* Mass., Ric. 38 ; Jatta, Syll. Italic., p. 212.

Roche granitique humide, rives du Golo supérieur et au lac Nino ; on le trouve également sur les roches volcaniques (rare).

* 6° *Var. chiodectonoides* Anzi ; Jatta, Syll., Ital., p. 212.

Sur des roches siliceuses, à Calvi, en 1909.

Dans notre travail précédent, sur l'*Ouest de la Corse*, nous avons omis d'indiquer cette variété décrite par Jatta.

Thaile cendré foncé, à aréoles très petites, nombreuses, pressées, K + jaune, puis rouge ferrugineux (lentement, en séchant).

Apothécies d'abord urcéolées, puis protubérantes, très petites, noires, de 2 à 10 sur les aréoles, irrégulières.

Malgré tous nos soins, nous n'avons pas trouvé de spores, et Jatta n'en fait pas mention.

Epithecium bleu bruni, thecium bleuté, hypothecium incolore. Paraphyses en chapelet du genre *Aspicilia*.

* 152. — **Aspicilia depressa** (Ach.) Mass., Ric. 38 ; Jatta, Syll. Italic., p. 212. = *Aspicilia cinerea* var. *depressa* Nyl., Scand. 153 ; Boistel, Nouv. Fl. des Lich., II, p. 145.

Sur roche siliceuse, vallée du Golo.

* 153. — **Aspicilia trachytica** Mass. Ric., p. 41 ; Flagey, Lich. d'Algérie, p. 52. = *Lecanora (Aspicilia) cinerea* var. *trachitica* (Mass.) Jatta, Syll. Italic., p. 211.

Roche quartzeuse, sur les rives du fleuve Golo.

Thalle assez épais, aréolé-fendillé, cendré-blanchâtre, ayant l'aspect de *A. cinerea* Smrf., insensible à l'action de la potasse et de l'iode (K — ; I —).

Apothécies moyennes, par 1 — 3 en creux dans les aréoles, noires, nues. Hauteur du thecium variable, de 150 à 200^{mus}. Hymenium I + bleu, puis vert-jaunâtre dans le thecium, la couche sous-hypothéciale restant bleue.

Spores difficilement libres ; nous avons constaté comme dimensions 18 — 22 × 10 — 14^{mus}.

Espèce non signalée en France. Jatta l'indique en Italie sur les trachytes et les roches calcaires, et Flagey, sur les grès et les rochers siliceux, en Algérie où elle est abondante.

***154. — Aspicilia mastoïdea** Wedd., Ile d'Yeu, 1874 ; Bois-
TEL, Nouv. Fl. des Lichens, IIe p[e], p. 145.

Lac Nino, sur roche granitique.

Nous ne connaissons pas la plante de Weddel, et comme la
Corse est loin de l'Ile d'Yeu, notre détermination peut être
erronée.

Boistel dit : « Thalle brun-cendré, à compartiments de 1-2
« mill , épais de 1-2 mill., bien séparés et noduleux-verruqueux,
« comme des molaires. »

Le thalle de notre exemplaire correspond parfaitement à cette
courte diagnose très résumée.

Nous ajouterons : thalle K + jaune, puis rouge-sang ; Cl, K
(Cl) — ; I —.

Apothécies arrondies ou anguleuses, presque aussi larges que
les aréoles thallines, à disque noir, mat et nu, très rugueux,
Cl —, un peu en creux ou égalant le bord thallin épais, sinueux ;
hymenium I + bleu, K —.

Hauteur du thecium 120 — 130^{mus}. Spores rares, sphériques de
12 — 16^{mus} de diamètre ou elliptiques, de 14 — 20 × 10 —
14^{mus}.

***155. — Aspicilia lævata** (Fr.) Nyl., Lap., p. 137 ; JATTA,
Syll. Italic., p. 215 (S.-G. *Aspicilia*). = *Aspicilia cine-
rea* var. *lævata* Fr. h, L. Eur., p. 145 ; BOISTEL, Nouv.
Fl. des Lichens II, p. 145.

Roche granitique, dans la vallée du Golo.

Thalle glauque-luride, finement aréolé, presque lisse, K +
jaune, puis rouge-sang.

Apothécies moyennes, à disque noir, nu, concave, à bord élevé,
un peu rugueux, persistant.

Spores mesurant 15 — 20 × 9 — 15^{mus}, par 8 (ou 6) et unisériées dans des thèques cylindriques allongées, de 130 × 18^{mus}.
Hymenium I + bleu.

***156. — Aspicilia subdepressa** (Nyl.) BOISTEL, Nouv. Fl.
des Lich., II, p. 146. = *Lecanora subdepressa* Nyl.,
in-flora, 1873, p. 69 ; HUE., Lich. de Canisy, p. 66.

Roches granitiques.

Thalle assez épais, gris foncé, aréolé, rappelant celui de A. *cinerea*, mais insensible à l'action de la potasse. I —.

Hymenium I + bleuâtre léger-fugace, puis jaune-verdâtre,
passant au rouge vineux.

***157. — Aspicilia aquatica** Krb., Syst., 145 ; ,JATTA Syll,
Italic., p. 216. = *Lecanora verruculosa* var. *aquatica*

Krplh. = *L. subdepressa (forma)* Nyl., Pyr.-Or., p. 34.

Sur les roches quartzeuses (vertes), dans les endroits humides, près des lacs ; sur les roches granitiques lavées ou irriguées, lit de l'Erco, affluent du Golo, assez commun.

Thalle gris-cendré, variant du verdâtre au brun, souvent pâle-décoloré sur les bords, par l'action de l'eau, plus ou moins finement aréolé, ou simplement fendillé, lisse, K + jaunâtre obscur, ou — ; K (Cl) — ; I —.

Apothécies urcéolées, une à quatre par compartiment, resserrées, le plus souvent irrégulières, à disque cendré pruineux dans le jeune âge, à marge thalline non proéminente, K + rouge-ferrugineux.

***158. — Aspicilia obscurissima** (Nyl.), Nouv. Fl. des Lich., II, p. 136. = *Lecidea sp.* Nyl., Pyr.-Or., 24. = *Lecidea Mosigi* (Hep.) Krb., Prg. 201 ; Jatta, Syll. Italic., p. 337.

Spores par huit, uni ou bisériées, mesurant 20 — 38 × 12 — 19 mus. Thèques de 115 — 130 × 15 — 25 mus.

Hymenium I + bleu foncé ou + bleuâtre, puis vert-jaunâtre, puis rouge-vineux ; K + rouge-ferrugineux.

Sur les roches granitiques.

Thalle K —, immédiatement ; *en coupe*, mais lentement, + jaune, puis rouge ; K (Cl) —.

Hymenium I + bleu pâle, passant au vert-jaunâtre.

Spores rares et mal formées ; deux spores libres mesurent 12 — 13 × 8 mus.

***159. — Aspicilia umbriformis** (Nyl.) Boistel, Nouv. Fl. des Lich., II, p. 146. = *Lecidea umbriformis* Nyl., in-fl., 1877, p. 227 ; Lamy, Lich. du Mt Dore, p. 128.

Lac Nino, sur les roches granitiques.

Thalle brun-noir très foncé, indéterminé, épais, aréolé ; aréoles lisses, pressées, anguleuses, I — ; K, K (Cl) + jaune, puis rouge-sang.

Apothécies très petites, de 1 à 5 par compartiment, noires, nues, un peu granuleuses, enfoncées dans le thalle, puis l'égalant, un bord propre apparaissant tardivement, peu élevé. Thecium haut de 130 à 150 mus, I + bleu, puis rouge-vineux ; K + rouge-brun.

Spores ovales, de 13 — 23 (28) × 9 — 14 mus, un peu plus grandes que celles indiquées par Nylander.

***160. — Aspicilia spermatomanes** Nyl., Pyr.-Or., p. 45 ; Boistel, Nouv. Fl. Lich., II, p. 145.

Sur les granits.

Thalle cendré, assez épais, crevassé, verruqueux, chaque compartiment bombé portant une, parfois deux apothécies noirâtres, très petites, immergées ; K + jaune, puis rouge-ferrugineux ; Cl —.

Spores simples, hyalines, elliptiques, de 15 — 20 × 9 — 12 ^{mus}, par huit dans des thèques claviformes de 120 ⨯ 25 ^{mus}. Thecium incolore. Spermaties non vues (Nylander 9 — 14 × 1 ^{mus}.)

***161. — Aspicilia fuscocinerea** Nyl., Scand., p. 231 ; Boistel, Nouv. Fl. des Lich., II, p. 146. = *Aspicilia atrocinerea* Mass., Ric. 39. = *Lecidea tenebrosa* (Fl.) Nyl., Prod. 127 ; Jatta, Syll. italic., p. 341.

Roche granitique, contigu à *A. obscurissima* Nyl.

Thalle un peu plus foncé que dans cette dernière espèce ; bord propre assez visible.

La potasse est sans action ou presque sur le thalle.

Nous n'avons observé ni thèques ni spores bien formées.

***162. — Aspicilia polychroma** Anzi, Ctg. 59 ; Jatta, Syll. Italic., p. 213.

Sur roche siliceuse, rives du Golo.

Espèce nouvelle pour la France.

Thalle variant du gris-blanchâtre au jaune-brun, indéterminé, épais, tartareux, verruqueux-aréolé, inégal, à aréoles petites portant chacune une ou deux fructifications, K —.

Apothécies moyennes, anguleuses, irrégulières, à disque noir, plat, d'abord à pruine bleuâtre ; marge thalline épaisse, élevée, persistante ; hymenium I + bleu, puis verdâtre, puis brun sale ; K —.

Spores mesurant 14 — 24 × 10 — 14 ^{mus}, ovoïdes, par huit sur deux rangs dans les thèques courbées à la base.

Notre échantillon correspond à la description donnée par Jatta. La couleur du thalle est un peu différente : « *lutescenti-olivaceus* ».

***163. — Aspicilia bunodea** (Mass.).

Lecanora (*Aspicilia*) *bunodea* Mass., Sym. 26 ; Jatta, Syll. Italic., p. 217.

Espèce nouvelle pour la France.

Roches granitiques.

Thalle verruqueux, verrues ou irrégulièrement espacées et distinctes sur un fond brun-noir, élevées, ou, par places, formant des aréoles planes, contiguës, sans apothécies ; les verrues cendrées, parfois tachées de noir, obscures, verdissent à l'humidité et contiennent chacune une apothécie ocellée, à disque noir, nu,

d'abord urcéolé, puis égalant le thalle qui blanchit au sommet,
K —.

Epithecium verdàtre, thecium et hypothecium incolores, ayant
ensemble une profondeur de 120 à 160 ^{mus}, I + bleu, puis verdàtre, K —.

Thèques de 80 — 95 × 11 — 12 ^{mus}, ne contenant que quelques
rares rudiments de spores. Nous avons vu dans une thèque deux
spores naissantes sphériques de 6 — 8 ^{mus} de diamètre, et trois de
13 × 8 ^{mus}, 13 × 6 et 15 × 7 ^{mus}.

Jatta, dans sa description, dit « *sporæ non visæ* ».

Nous croyons devoir indiquer, comme cause probable de cette
stérilité, la présence de nombreuses spores brun-rougeâtre, ou
brunes, à une cloison, groupées-adhérentes, de 16 — 18 × 8 —
13 ^{mus}, dans le thalle des verrues, à l'exclusion de l'hymenium.

164. — Aspicilia gibbosa (Nyl.) Kœrb. Syst., p. 163 ; Jatta,
p. 217 ; Flagey, p. 147 ; Mah. et Gill. Ouest de la
Corse, n° 117 ; de Croz., Vizzav., p. 55.

Sur une roche siliceuse, porphyre rouge.

* ° *Var. ocellata* (Flk.) Anzi, Ctg. 60 ; Jatta, Syll.
Italic., p. 217. = *Pachyospora cinerescens* Mass., Ric.
45.

Thalle gibbeux-verruqueux, gris-cendré, à verrues surbais-
sées, parfois coniques. Un caractère particulier, signalé par Jatta,
consiste dans le fait que l'hypothalle gris pâle serpente dans les
intervalles des verrues et surtout au pourtour, sous l'aspect den-
droïde, fimbrié, les filaments très minces, arrondis émettant de
petits ramuscules, ce qui leur donne l'aspect aranéeux.

Spores rares et mal formées dans notre échantillon : au début,
dans les thèques, sphériques, de 15 — 20 ^{mus} de diamètre ; puis,
plus allongées de 24 — 40 × 13 — 16 ^{mus}.

Hymenium I + bleu.

2° *Var. squamata* (Flot.) Th. Fr., Scand., p. 276 ;
Flag., Fr.-Comté, p. 295. ; Jatta, l. c., p. 217.

En mélange, sur une roche siliceuse.

Echantillon imparfait quant au pourtour figuré, peu visible,
K —.

Spores du type 25 — 30 × 12 — 19 ^{mus} par huit dans des thèques de 160 × 20 ^{mus}. Jatta, l. c., donne aux spores les dimensions suivantes : 14 — 19 × 9 — 14 ^{mus}.

*165. — **Aspicilia verrucosa** (Ach.) Nyl., Scand., p. 156 ;
Kœrb., Syst., p. 167. = *Lecanora (Aspicilia)* sp. Th.

Fr., p. 273 ; Jatta, Syll. italic., p. 213 et Fl. ital. Crypt. Lich.. p. 321.

Sur les roches diabasiques ferrugineuses.

Thalle I — ; K — ; Cl —.

Hymenium I + bleu, puis rouge-vineux, les thèques restant bleues.

Coupe d'une apothécie : epithecium noir-verdâtre, thecium et hypothecium incolores; spores par huit, à épispore mince, mesurant en moyenne 30 — 35 × 20 ^{mus}.

166. — **Aspicilia calcarea** (L.) Kœrb., Par. Lich., p. 95 ; Nyl. Lich. Scand., p. 154 ; Mah. et Gill., Ouest de la Corse, n° 118 ; de Croz. Vizz., p. 55. = *Lecanora* (*Aspicilia*) *calcarea* Smrf., suppl. p. 102 ; Jatta, Syll., italic., p. 213.

Rare et par exception, sur une roche granitique, près du Golo.

*1° *Var. farinosa* (Flk.) Schær. En., p. 91 ; Nyl., in-flora, 1878, p. 248 et Pyr.-Or. p. 54 ; Jatta, l. c., p. 214.

Roche calcaire.

*2° *Var. contorta* f^a *cinerea* Mass., Ric. 43 ; Jatta, Syll., Italic., p. 214.

Sur une roche siliceuse recouverte d'une couche calcaire sédimentaire N +.

Thalle gris-cendré, indéterminé K — ; Cl — ; ac. az. + d'un beau vert.

Spores arrondies ou elliptiques mesurant 21 × 18, ou 25 × 15 à 18 ^{mus}, par 4-5 dans les thèques de 140 × 30 ^{mus}.

Hymenium I + bleu persistant ou devenant par places vert-jaunâtre.

* F^a *bullosa* Mass. ; Jatta, Syll. Italic., p. 214.

Sur roche porphyrique.

Apothécies nues, noires, sans spores mûres ; hymenium I + bleu persistant.

Thalle squamuleux, gonflé, bulleux, cendré-blanchâtre K — ; apothécies souvent ponctiformes, immergées.

* F^a *cinereo-virens* Mass., Ric., p. 43. ; Jatta, l. c.

Sur une roche siliceuse, rives du Golo.

*3° *Var. alpina* Anzi., Com. soc. cr. it., II, 8 ; Jatta, l. c., p. 215.

Sur roche granitique humide, vallée du Golo supérieur.

Thalle blanchâtre ou cendré, surtout au bord, limité, plan, fendillé-aréolé, K —, Cl —; médulle I + jaunâtre-verdâtre; hymenium I + bleu, puis rouge-vineux.

***4° *Var. viridescens* (Mass.), Krb. Prg. 95.; Jatta, Syll. Italic., p. 214.**

Sur une roche granitique, à surface calco-terreuse, endroit humide, vallée du Golo supérieur, associé à une forme de *Asp. cinerea.*

Thalle cendré-verdâtre, squamuleux-aréolé, K —.

Spores ovoïdes, mesurant $20 - 22 \times 10 - 13^{mus}$; thèques très allongées de $150 - 180 \times 15 - 20^{mus}$.

Hymenium I + bleuâtre, puis jaune-vert.

***5° *Var. coronata* Krb., Prg., 95; Hue., Lich. d'Aix-les-Bains, p. 26; Boistel, Nouv. Fl. Lich., II, p. 147. = *Lecanora (Aspicilia) coronata* (Mass.) Jatta, Syll. Italic., p. 215.**

Rives du Golo, sur une roche schisteuse, échantillon très réduit.

Thalle insensible aux réactifs; hymenium I + bleu, puis rouge-vineux foncé; spores par quatre, de $17 - 21 \times 9 - 13^{mas}$. Apothécies nues.

Sur d'autres roches schisteuses, nous avons remarqué un second échantillon entouré de *Verrucaria*, à thalle plus complet, presque délimité, aux mêmes réactions, dont les spores, un peu plus grandes, $17 - 24 \times 12 - 15^{mus}$, sont au nombre de huit et bisériées dans des thèques mesurant $100 \times 30 - 35^{mus}$.

Ici, le disque des apothécies est d'abord légèrement pruineux, puis noir, nu.

****167. — Aspicilia Dicksoni (Ach.) Boist., Nouv. Fl. des Lich., II, p. 148; Jatta, Syll. ital., p. 216. = *Lecanora Dicksoni* Nyl. Scand., p. 155. = *Aspicilia Œderi* Mass., Ric. 39; de Croz., Vizzav., p. 55.**

Rives du fleuve Golo, sur des roches granitiques, à surface ferrugineuse dans un de nos échantillons.

Thalle ochracé ou testacé, très aréolé, à aréoles lisses, K + jaune, puis rouge-sang.

Apothécies moyennes, 1 à 3 par compartiment, noires, nues, concaves, à bord thallin nul ou peu marqué. Hypothecium brun-jaune ou clair. Spores arrondies ou elliptiques, de $10 - 14 \times 6 - 9^{mus}$.

NOTA : Nous devons rapporter à cette espèce fertile, nos échantillons, sans spores vues, ni par nous, ni par M. l'abbé Hue, récoltés sur granit, dans les environs de Porto, et non indiqués dans notre précédent travail, sur l'Ouest de la Corse.

***168. — Aspicilia lacustris** Th. Fr., Arct., p. 136 ; Boistel, Nouv. Flore des Lichens, II, p. 148. = *Lecanora (Apsicilia) lacustris* Th. Fr., Scand., p. 288 ; Flagey, Fr.-Comté, p. 301 ; Jatta, Syll. Italic., p. 218 et Lich. Cryptog., Ital., p. 327.

Roches siliceuses et granitiques humides, près du lac Nino.

*** *Var. ochracea* Lamy, Mt Dore, 225 ; Boistel, l. c.**

Roche granitique humide, même localité.

***169. — Aspicilia epulotica** Ach., L. Univ., p. 151 ; Jatta, Syll. italic., p. 220. = *Biatora* sp., Hep., Fl. Eur., p. 272.

Cette espèce est nouvelle pour la France.

Sur roche quartzeuse, au bord du lac Nino.

« Thallus pallidus vel pallide albidus, tenuissimus, rimulosus, « aut continuus. Apothecia innata, carnea, vel carneo-rufescentia, « concaviuscula, mediocria, margine thallino fere nullo. Sporæ « globoso-ellipsoïdeæ ; lng 0,018 — 0,020 $^{m/m}$, lt. 0,010 — « 0,011 $^{m/m}$.

« Ad rupes calcarias in Longobardia, in Venetia et in Apulia » Jatta.

Notre exemplaire ne comporte que quelques îlots au milieu d'un Verrucaria à thalle sombre. Il concorde assez bien avec la diagnose de Jatta. Le thalle est un peu jaune-clair ou blanchâtre ; les apothécies sont petites ; les spores sont ou subglobuleuses, de 10 — 13 × 8 — 10 ^{mus}, ou ellipsoïdes, souvent atténuées à un bout de 14 — 18 × 7 — 11 ^{mus}, par six ou huit dans les thèques. Hymenium I + jaune-verdâtre, puis rouge-vineux, hypothecium I + bleuâtre.

***170. — Aspicilia ceracea** Arn., in-flora, 1850 ; Boist., Nouv. Fl. des Lich., II, p. 149 ; Flagey, Fr.-Comté. p. 300 ; Jatta, Syll. Italic., p. 220.

Sur une roche siliceuse lavée, au bord du torrent Erco.

F. -- Spores simples, médiocres ; apothécies semi-immergées, à excipule double

XLIII. — **Hymenelia** Krplh. 1852

171. — Hymenelia Krplh., Jatta, Syll. Italic., p. 221 ; Flagey, Algérie, p. 57.

* *Hymenelia* Sp.

Roche granitique, tendant à la serpentine. — Stérile.

Faute de spores, nous ne pouvons déterminer sûrement notre plante. Sans les deux excipules, nous l'aurions rangée dans le genre *Aspicilia*.

Thalle cendré-brunâtre, vert-olive ou vert-jaune à l'état humide, assez épais, aréolé; aréoles moyennes, séparées, arrondies le plus souvent ou anguleuses, à surface finement chagrinée, K + jaune; K (Cl) — ; I —.

Apothécies, par 1-2 à chaque compartiment, innées, noires, à bord propre brun-noir, un peu pruineuses, au début, à hymenium cendré, contenant de nombreuses gonidies jaune-verdâtre, I + bleu persistant ; paraphyses très cohérentes, épaisses de 3 — 4^{mus}, articulées. Spores non vues.

G. — Spores simples, nombreuses

1° — Apothécies urcéolées

XLIV — **Acarospora** Mass. 1855

****172.** — **Acarospora chlorophana** (Wahl.) Mass., ric. p. 27; FLAGEY, Algérie, p. 53 ; OLIV., L. d'Eur., II, p. 64 ; JATTA, Syll. Italic., p. 228 ; de CROZ., Vizzav., p. 56. = *Parmelia flava* Wahl. ; *Lecanora flava*, var. *chlorophana*, Schær. ; *Placodium chlorophanum*, BOIST., II, p. 103 (*Acarodium*).

Sur les rochers granitiques ou siliceux et sur roche volcanique, où il est peu commun, associé à *Lecanora sulphurata*, avec lequel il tranche par sa couleur jaune vif, un peu verdâtre.

Echantillon très bien fructifié; thalle et apothécies K — ; disque Cl — ; hymenium I + bleu, sauf l'epithecium ; les thèques passent au jaune-verdâtre.

Spores simples, nombreuses, très petites de (2 — 3^{mus} × 1^{mus}); paraphyses cohérentes — 3, articulées au sommet (2 — 3^{mus}), visible après coloration.

En mai 1924, un bel et large échantillon de cette espèce a été récolté au *Maroc*, sur des roches ferrugineuses, à *Boulhaut* (ancien camp Boulhaut) alt. 300 mètres; à 60 kilomètres de Casablanca, mais il est d'une teinte plus verdâtre et ses apothécies sont moins bien développées (var. *oxytona* Sch.).

173. — **Acarospora discreta** (Ach.), Th. Fr.. Scand., 217; JATTA, Syll. Italic., p. 230 ; MAHEU et GILLET, Ouest de la Corse, n° 120.

Sur quartzite, disséminé ou en ligne parmi les aréoles d'un autre lichen à thalle cendré-foncé-noirâtre, probablement un *Acarospora ?* Stérile.

2° — Apothécies sessiles

XLV — **Sarcogyne** Fw. 1849

174 — **Sarcogyne simplex** (Dav.) Th. Fr., Scand., p. 407, Boistel, IIe partie, p. 229 ; Mah. et Gill., Ouest de la Corse, n° 212 ; de Croz., Vizzav., p. 61.

Roches granitiques, près du lac Nino et rives de l'Erco.

H. — Spores brunes, unicloisonnées

XLVI — **Rinodina** Ach. 1810

175 — **Rinodina oreina** Mass., Ric., (1852), p. 16 ; Jatta, Syll., p. 268 ; Mah. et Gill., Ouest de la Corse, n° 128. = *Lecanora* sp., Ach, Syn., p. 181 ; Nyl ; Harm., Lich. de Fr., p. 877. = *Dimelæna* sp., Kœrb. ; Boistel, IIe partie, p. 93. = *L. Mougeotioïdes* Nyl., (Harm., l. c., p. 878).

Sur roche granitique (verte), le long du fleuve Golo ; sur les schistes, thalle plus jaune et stérile.

Thalle K + jaune, puis parfois rougeàtre ; hymenium I + bleu. Spores brunes, unicloisonnées, obtuses aux deux bouts, de $10 - 11 \times 5 - 6^{mns}$, par huit dans les thèques de 35×11^{mus}.

NOTA. — Nos échantillons de la Spelunca, près d'Evisa, catalogués sous le n° 128 de nos Lichens de l'Ouest de la Corse, présentant des aréoles bordées et imprégnées de noir, rappellent la *var. fimbriata* Schær. En. 67 ; Jatta, l. c. p. 269.

176. — **Rinodina roboris** (Duf.), Arn., Fragm., XXIV, p. 22 ; Oliv., Lich. d'Eur., p. 173 ; Boist., IIe partie, p. 150 ; Mah. et Gill., Ouest de la Corse, n° 213 ; Jatta, Syll. Italic., p. 273 ; de Croz., Vizzav., p. 49. = *Lecanora roboris* Nyl., Prodr., p. 93 ; Harm., Lich. de Fr., p. 885.

Ecorce de hêtre, à Vizzavona, en 1909.

Dans notre travail sur l'Ouest de la Corse, nous avons omis cette espèce, comme ayant été récoltée par nous. Nous l'avons simplement indiquée comme étant signalée en Corse par Jatta.

177. — **Rinodina sophodes** (Ach.), Th. Fr., L. Scand., p. 199 ; Flagey, Fr.-Comté, p. 256 ; Boist., IIe partie,

— 59 —

p. 150 ; Oliv., L. Eur., II, p. 165 ; Jatta, Syll. Italic.,
p. 274 ; Mah. et Gill., Ouest de la Corse, n° 278 ;
de Croz., Vizzav., p. 49. = *Lecanora* sp., (Ach.), L.
U., p. 357 ; Harm., L. Fr., p. 905.

Sur l'écorce lisse des branches de pommier, rives du fleuve
Golo.

Cette espèce est indiquée comme rare en France, et en petite
quantité pour l'Europe.

Toutes les thèques que nous avons vues ne contenaient que
huit spores. Ces dernières, brunes, à une cloison, mesurent
13 — 16 × 6-9^{mus}. Elles sont souvent un peu courbes et réniformes.

Thalle K — ; Hymenium I + bleu foncé persistant ; Bord des
apothésies I + bleu ; hymenium K —.

Thecium haut de 95^{mus}.

*178. — **Rinodina albana** Mass. Ric., p. 15, var. *orbicularis*
Mass. Ric., p. 16 ; Jatta, Syll. Italic., p. 278. = *R.
sophodes* var. *orbicularis* (Mass.) ; Olivier, Lich.
d'Eur., II, p. 167.

Ecorce lisse des pommiers, sur les rives du fleuve Golo.
Variété nouvelle pour la France.

Thalle brunâtre, verdissant étant humide, formant des taches
orbiculaires, aplanies, de 6 à 10 mill. de diamètre, limitées exac-
tement par l'hypothalle brun-noir, assez épais. Le thalle de nos
échantillons est aréolé, avec fissures profondes, surtout au centre ;
aréoles mates, plates, anguleuses, chacune d'elles portant en son
milieu, sauf au pourtour, une apothécie ocellée (rarement 2-3),
très petite, innée, d'abord ponctiforme, puis concave (aspicilioïde),
enfin plate, ne débordant pas le thalle, à disque noir, mat, et à
bord épais, persistant, flexueux-crénelé, de 0,2 à 0,5 mill. de
diamètre.

Thalle K — ; Cl, K(Cl) — I — ; bord thallin I —.

Spores brunes, uniseptées, elliptiques, ou un peu courbes-
réniformes, à paroi épaisse, surtout au milieu, mesurant 12 — 18
× 6 — 8^{mus}, dimensions intermédiaires entre celles du type
(18 — 25 × 6 — 9) et celles de la variété (12 × 6), indiquées
par Jatta, renfermées au nombre de 4 — 6 dans des thèques très
allongées de 70 — 95 × 12 — 13^{mus}, et sur un seul rang, comme
dans le genre *Aspicilia* ; epithecium jaunâtre, thecium et hypothecium incolores, ce dernier reposant sur des groupes de gonidies ; thecium haut de 105 à 130^{mus} ; hymenium I + bleu foncé
persistant ; K —.

NOTA. — Le thalle est parfois envahi à la surface par une
algue à gonidies brunes, moniliformes.

La variété *orbicularis* Mass. est spéciale à la province de Vérone (Italie), où elle croît sur les poiriers et les pommiers (Jatta).

*** 179 — Rinodina demissa** (Hepp.). Arn., in-flora, 1872, p. 34; Oliv., Lich. d'Europe, II, p. 169; Harm., Lich. de France, p. 915. = *Rinodina exigua* var. *demissa*, Th. Fr., Arct., p. 129; Boist., Nouv. Fl. des Lich., II, p. 153.

Sur des grès plus ou moins ferrugineux.

*** 180 — Rinodina Beccariana** Bagl., var. *tympanelloides* Bagl. (1879); Jatta, Syll. Italic.. p. 273; Olivier, Lich. d'Eur., II, p. 174.

Roches granitiques, près du fleuve Golo.

Cette plante appartient au groupe de *Rinodina confragosa* Ach.; nouvelle pour la France.

Thalle jaune pâle, verruqueux, verrues très petites, disséminées sur l'hypothalle noir, arrondies, parfois plus grandes et crénelées, K + jaune; — K(Cl) —.

Apothécies minimes, solitaires et innées dans les verrues thallines, puis planes, et même émergentes, à disque brun-noir, nu, à marge thalline concolore, entière et persistante. Spores brunes, 1 — septées, de 17 — 23 × 8 — 12^{mas}. Hymenium I + bleu.

Epithecium brun-jaune; le reste jaunâtre. Hauteur du thecium 60^{mas}.

Signalée en Sardaigne par Baglietto, en 1879.

**** 181. — Rinodina atrocinerea** Krb. Syst., p. 125; Boistel. IIᵉ, p. 151: Olivier, Lich. d'Europe, II, p. 178; Jatta, Syll. Italic., p. 273; de Croz., Vizzav., p. 49. = *Lecanora* sp., Nyl., in-flora 1872, p. 247; Harm., Lich. de Fr., p. 887.

Roche granitique, près du fleuve Golo.

*** 182. — Rinodina teichophila** Nyl., in-flora 1863, p. 78; Paris, pp. 5 et 52; Boistel, II, p. 150; Harm., L. de France, p. 895; Jatta, Syll. Italic., p. 276; Olivier, Lich. d'Europe, II, p. 180.

Sur des micaschistes humides, associé à des *Verrucaria* et sur les schistes relativement secs.

PERTUSARIÉS Nyl.

XLVII — **Pertusaria** D. C. 1805

183. — Pertusaria communis D. C., Fl. fr., II, p. 320 ; Nyl., Lich. Scand., p. 178 ; Mah. et Gill., Ouest de la Corse, n° 140 ; de Croz., Vizzav., p. 54.

Sur l'écorce de diverses essences, où on le trouve communément, surtout sur les troncs de hêtre, au lac Nino.

184. — Pertusaria rupestris Schœr. Enum., p. 227 ; Jatta, Syll. Italic,, p. 292. = *P. communis* var. *rupestris* D. C. ; Harm., Lich. de Fr., p. 1122, Hue, Pertusaria, p. 7 ; Mah. et Gill., Ouest de la Corse, n° 140 ; de Croz, Vizzav. p. 54.

Sur les rives du Golo, roche quartzeuse (stérile), sur roche granitoïde, un peu ferrugineuse, remarquablement fertile ; sur quartzite à tourmaline.

Thalle très épais, fortement aréolé ; aréoles fertiles plus larges, arrondies et lisses au sommet, dépassant le niveau du thalle, contenant jusqu'à trente apothécies.

Spores ordinairement par deux et imbriquées dans les thèques, mesurant $130 - 225 \times 40 - 82^{mus}$.

185. — Pertusaria bryontha Nyl., Scand., 178 ; in-fl. 1881, p. 538 ; Jatta, Syll. Italic., p. 291 ; Mah. et Gill., Ouest de la Corse, n° 147.

Sur les mousses.

Thalle blanchâtre, non sorédié, insensible aux réactifs, sauf la médulle qui devient jaunâtre par la potasse, ce qui range cette espèce dans le *P. communis* D. C.

Nous avons trouvé deux apothécies substipitées ; la gélatine hyméniale et les paraphyses sont insensibles à l'iode, mais nous avons constaté l'absence des thèques et des spores.

186. — Pertusaria amara (Ach.), Nyl., In flora 1873, p. 22 ; Mah. et Gill., Lich. Ouest de la Corse, n° 145 ; de Crozal, Lich. Vizzav., p. 53.

Sur roche siliceuse, au bord de l'Erco.

187. — Pertusaria dealbata (Ach.) Nyl,, Lich. Scandin., p. 180 ; Harm., Lich. de Fr., p. 1116 ; Mah. et Gill., Ouest de la Corse, n° 142. = *Pertusaria corallina* (Arnd.) Jatta, Syll. Italic., p. 291.

Sur roche granitique, au bord de l'Erco.
Papilles allongées, nombreuses.

*** 188. — Pertusaria spilomantha** Nyl., Pyr.-Or., p. 35 ; Boist., Nouv. Fl. des Lich., II⁰ partie, p. 163 ; Harm., Lich. de Fr., p. 1121.

Thalle cendré blanchâtre, délimité, aréolé, mat, rugueux, assez épais, K ∓ jaune, puis rouge ferrugineux, ou même vermillon persistant ; Cl — ; K (Cl) + semblable à K ; médulle I + bleu.

Apothécies visibles par un pore seulement dans notre échantillon, avec dépression à l'orifice, 1 à 3 par compartiment, non développées. Spores non vues.

Sur granit, rives du fleuve Golo.

Un échantillon de ce lichen porte un parasite : *Sphinctrina microcephala* ; sur quartzite.

189. — Pertusaria coccodes (Ach.) ; Nyl., Lich. Scand., p. 178 ; Oliv., Ouest, p. 336 ; Mah. et Gill., Lich. Ouest de la Corse, n° 139 ; Jatta, Syll. Italic., p. 294.

Sur l'écorce des chênes, au lac Nino et rives du Golo.

*** 190. — Pertusaria leucosora** Nyl., 1877, p. 223 ; Harm., Lich. de Fr., p. 1140.

Thalle stérile, sur roche quartzeuse, rives de l'Erco.

191. — Pertusaria pustulata Nyl., Prod.. p. 195 ; Harm., Lich. de Fr., p. 1124 ; Jatta, Syll., p. 295 ; Mah. et Gill., Ouest de la Corse, n° 250.

Tronc de hêtre, forêt d'Aïtone, août 1909.

Dans notre précédente étude sur les Lichens de l'*Ouest de la Corse*, nous avons omis de mentionner cette espèce, comme récoltée par nous dans la forêt d'Aïtone, bien que nous l'ayons signalée (n⁰ˢ 217 et 250) comme indiquée par Jatta, sans mention de localité et par Lutz et Maire, route des Sanguinaires.

*** Var. *Parmelicola* Mah. et Gill. (*Var. nov.*).**

Près du fleuve Golo, parasite sur le thalle d'un *Parmelia* corticole.

Thalle jaunâtre pâle, continu, mince et lisse au pourtour, devenant rapidement pustuleux et formé au centre presque entièrement par des verrues fructifères, irrégulièrement arrondies au sommet et parfois atténuées à la base, confluentes, le plus souvent à un seul ostiole noir, d'abord ponctiforme, puis irrégulièrement dilaté, à bord entier, lisse ; thalle fragile, non sorédié, K + jaune ; Cl + rouge un peu rosé ; K(Cl) + rouge vermillon vif ; I —.

Spores très rares, probablement par quatre dans les thèques et mal formées. Nous pensons en avoir trouvé deux mûres mesurant respectivement 77 × 27 et 85 × 24^{mus}.

**** 192. — Pertusaria lutescens** (Hoffm.), LAMY, Mt-Dore, p. 91 ; FLAGEY, Algérie, p. 59 ; JATTA, Syll. Italic., p. 296 ; HARM., L. de Fr., p. 1138 ; de CROZ., Vizzav., p. 54. = *Lepra* sp. Hoffm. = *Lepraria lutescens* Ach. = *Isidium* sp. TURN. et BORR. = P. *Wulfeni* var. *lutescens* Th. Fr.

Près du fleuve Golo, sur de vieilles écorces.
Echantillons stériles.

Thalle d'un jaune-verdâtre, abondamment isidié-granulé, avec quelques rares sorédies de même couleur, I — ; K + jaune ; Cl + orangé ;K(Cl) + rouge-orangé, plus vif.

*** 193. — Pertusaria xanthostoma** (Smrf.) Fr., L. E. 427 ; JATTA, Syll. Italic., p. 293.

Sur l'écorce d'un sapin ; stérile.
Espèce nouvelle pour la France.

Thalle blanchâtre, lisse (dans les parties visibles), indéterminé, mince, K — ; Cl —, puis rose fugace ; K(Cl) —, ou devenant jaune en cinq minutes ; I —.

Verrues fertiles nulles et remplacées par des sorédies à gros granules, *le tout jaunâtre*, un peu creuses, à marge thalline bien marquée et persistante, serrées-pressées et donnant la nuance jaunâtre à l'ensemble, K + jaune ; Cl + rose (immédiatement) ; K(Cl) + jaune, puis rose plus accentué.

Spores et thèques non vues. Jatta indique comme dimensions 55 — 76 × 32 — 40^{mus}, par 2 — 4 dans les thèques.

194. — Pertusaria Wulfeni D. C. Flore fr., p. 320 ; MAH. et GILL., Ouest de la Corse, n° 141 ; de CROZ., Vizzav., p. 54.

1° Var. *rupicola* NYL., Pyr.-Or., p. 37 ; HARM., Lich. de Fr., p. 1136 ; MAH. et GILL., Ouest de la Corse, n° 141. = *P. sulphurea* SCHÆR., L. Eur., p. 228 ; JATTA, Syll. Italic., p. 296.

Sur les roches quartzeuses, rives du fleuve Golo ; sur roches granitiques, rives du ruisseau d'Erco.

2° f^a *coralloïdea* (Anzi), HARM., Lich. de Fr., p. 1136. = *P. sulfurea* var. *Coralloïdea*, ANZI, Com. Soc., cr., I, p. 165 ; JATTA, Syll. Italic., p. 296.

Commun sur les roches granitiques ou siliceuses, aux abords de l'Erco et du Golo.

Spores par huit, mesurant $75 - 95 \times 30 -- 47^{mus}$.

* 195. — **Pertusaria inquinata** Th. Fr. ; Flagey, Algérie, p. 58 ; Harm., Lich. de France, p. 1133.

Sur une roche granitique humide, près du Golo.

L'ensemble du thalle et des apothécies rappelle, comme le dit Harmand, l. c., un *Aspicilia*.

* 196. — **Pertusaria protuberans** (Smrf.) Th. Fr., Scand., p. 305 ; Nyl., in-fl. 1868, p. 478 ; Harm., Lich. de Fr., p. 1120 ; Jatta, Syll. Italic., p. 295. = *Pertusaria carneopallida* Nyl. = *Lecanora protub·rans* Th. Fr., Arct., p. 102.

Sur écorce, associé à *Caloplaca ferruginea*, près du lac Nino.

Cette plante n'a été observée en France que par Harmand, sur un sapin, dans les Vosges, et ses exemplaires n'avaient pas de spores mûres.

Thalle gris-blanchâtre, lisse, hypophléode, mince, K — Cl, K(Cl) —.

Apothécies solitaires, *lécanorines*, petites, $0^{mm} 5$ de diamètre, sortant d'une déchirure du thalle, subinnées, à disque carné pâle, nu, plat ou peu convexe, à bord pâle assez épais. Hymenium I + bleu, surtout les thèques, K —, incolore, en coupe, dans toute son épaisseur.

Spores elliptiques, simples, hyalines, à épispore épais de 2^{mus}, mesurant $19 - 33 \times 15 - 18^{mus}$, par 8, généralement unisériées dans des thèques cylindriques de 145×25^{mus}, ou parfois deux par deux, au milieu des thèques de 120×34^{mus}.

Les paraphyses, noyées dans la gélatine hyméniale, sont très peu visibles.

197. — **Pertusaria scutellata** Hue, Lich. de Canisy, p. 41 ; Harm., Lich. de Fr., p. 1142 ; Mar. et Gill., Ouest de la Corse, n° 146 ; de Croz., Vizzav., p. 54.

Thalle stérile incrustant les mousses, insensible aux réactifs, ainsi que les sorédies. Stérile.

THÉLOTRÉMÉS Nyl.

XLVIII — **Ulceolaria** Ach. 1798

198. — **Urceolaria scruposa** Ach. Meth., p. 147 ; Mar. et Gill., Ouest de la Corse, n° 136 ; de Croz., Vizzav., p. 55.

Sur les rochers, rare.

* 1° — Var. *bryophila* Ach. Meth., p. 148; HARM.,
Lich. de Fr., p. 1149; JATTA, Syll. Italic., p. 287.

Sur les mousses.

* 2° — Var. *lichenicola* (Rich.), HARM., Lich. de
Fr., p. 1150.

Plante croissant sur les squames du *Cladonia pyxidata*, var.
pocillum.

Thalle insensible aux réactifs ; hymenium I + bleu pâle, puis
vert-jaunâtre.

Spores d'abord simples et subhyalines, puis marquées de quelques cloisons, mesurant 18 — 23 × 10   12, elliptiques ou parfois ovoïdes.

199 — **Urceolaria gypsacea** Ach. Syn., p. 142 ; HARM.,
Lich. de Fr., p. 1151 ; MAH. et GILL., Ouest de la
Corse, n° 279. = *Urceolaria scruposa* var. *gypsacea*
Smrft. supp. p. 100 ; JATTA, Syll. Italic., p. 287.

Sur les pierres des murs, à Calacuccia.

* *f* *bryophiloides* Nyl., in-flora 1878, p. 345 ;
HARM., Lich. de France, p. 1151 ; BOISTEL, Nouv. Fl.
des Lich., II, p. 164.

Au bord du Golo, débris végétaux, sur les squames d'un *Cladonia* et sur le thalle de *Physcia pulverulenta* var. *venusta*.

Thalle gris-blanc, pulvérulent, fragile, I — : K   — : Cl $\pm$
rouge.

Hymenium incolore ou très peu jaunâtre, haut de 90^{mus}, I +
jaunâtre, les thèques passant au rougeâtre. Spores murales, devenant brunes ou noires, de 19 — 28 × 10 — 12^{mus}, par 5—6 dans
des thèques cylindriques de 75 — 90 × 10^{mus}.

* 200. — **Urceolaria actinostoma** Pers. in Ach., Lich.
Univ., p. 298 ; HARM., Lich. de Fr., p. 1153 ; JATTA,
Syll. Italic., p. 288.

Sur les roches granitiques, notamment aux abords du Golo.

XLVIIII — **Gyalecta** Ach. 1810

* 201. — **Gyalecta lecideopsis** Mass. Misc. 1856, 39 ;
FLAGEY, Fr.-Comté, p. 375 ; BOISTEL, Nouv. Fl. des
Lich., II, p. 178 ; JATTA, Syll. Italic., p. 303. = *Gya-
lecta hyalina* (Hepp), Nyl., En. 337.

Sur les schistes.

Plante très rare ou peu signalée en France.

Thalle tartareux d'un blanc sale, très mince, K — Cl —, manquant par places.

Apothécies petites, ne dépassant pas 0^{mm} 8 en diamètre, protubérantes-urcéolées, à disque carné et à bord propre plus pâle, complétement hyalines étant humectées (dans une préparation), hymenium I + bleuâtre, puis violacé, ou se colorant en jaune-verdâtre. Spores parenchymateuses-submurales, hyalines, de $18 — 30 \times 7 — 12^{mus}$, par *huit* et unisériées dans des thèques très allongées, cylindriques, à parois minces, de 150×12^{mus} quand les spores sont placées bout à bout, ou de $100 — 115 \times 13 — 15^{mus}$ quand elles sont placées obliquement.

LÉCIDÉS

A. — Spores simples, ordinairement par 8

L — **Psora** Hall. 1768

* 202 — **Psora ostreata** Hffm., D. Fl., II, p. 163 ; Jatta, Syll. Italic., p. 308. = *Biatora* sp. Schær.. Spic., p. 110.

Sur l'écorce des pins.

* 203. — **Psora Friesii** Ach. ; Th. Fr., Scand., p. 416 ; Nyl., Scandin., p. 243 ; Jatta, Syll. Italic., p. 308. = *Psora ostreata* var. *Friesi* (Ach.) ; Boistel, Nouv. Flore des Lich., II, p. 94.

Sur l'écorce de pin.

Squames très petites, ne dépassant pas 0^{mm} 5 ; séparées ; spores avortées, non vues ; thecium haut de $30 — 36^{mus}$; apothécies nues.

Squames K — ; Cl + rouge.

* 204. — **Psora badia** Flot. ; Boistel, Nouv. Fl. des Lich., IIe partie, p. 96. = *Buellia badia* (Fr.), Krb., Syst. 226 ; Jatta, Syll. Ital., p. 386. = *Lecidea badia* Fr., L. E., 289 ; Hue, Aix, p. 36.

Var. *badiella* Nyl., Boistel, l. c.

Terre de roches siliceuses, au lac Nino.

Parasite principalement sur *Parmelia prolixa* Nyl., espèce citée par Hue pour le type, et quelque peu sur *Parmelia conspersa* Ach.

Le thalle de notre variété est brun dans son ensemble, la teinte dominante étant celle du support principal ; à la loupe, apparait une couleur grise-cendrée due à la pruine assez fréquente.

Spores plus petites que celles du type 8 — 12 × 4,5 — 7^{mus}, brunes 1 — septées, par huit dans des thèques de 45 — 55 × 13 — 16^{mus}. Le thalle est insensible aux réactifs.

Nylander indique comme support à cette variété *Parmelia Delisei* Nyl. ; mais la médulle de notre *P. prolixa* donne K Cl —.

**** 205 . — Psora confusa** Nyl., Scand., p. 216 ; Nyl., Prodr., p. 372 ; BOISTEL, Ire partie, p. 66. = *Toninia* sp. (Nyl.), BOISTEL, IIe, p. 105. = *Lecidea* (Psora) *conglomerata* (Ach.), JATTA, Lich. Italic., p. 309 ; de CROZ., Vizzav., p. 61.

Sur roches granitiques et sur quartzite, le long des rives du Golo.

Apothécies convexes, noires, sans rebord, noires dedans, hymenium I + bleu pâle, K —.

Spores simples, hyaline, elliptiques de 7 — 10 × 4 — 4,5^{mus}, parfois atténuées, de 8 × 3^{mus}.

Thalle K + jaune, passant au brun, Cl, K(Cl) —.

Plusieurs des échantillons croissant à l'humidité portent, sur leur pourtour et une partie de leur surface, un *Scytonémé*, le *Gonionema velutinum* Nyl.

LI — Biatora Fr. 1821

*** 206 — Biatora uliginosa** FR., L. E., 275 ; Kœrb., Syst. 197 ; FLAGEY, Fr.-Comté, p. 421. = *Lecidea* (*Biatora*) *uliginosa* Ach., Meth., 43 ; HUE, Envir. de Paris, n° 257 ; BOISTEL, II, p. 225 ; JATTA, Syll. Italic., p. 324.

Sur la terre des lieux humides.

Spores rares, non développées. La potasse, succédant à l'iode, colore l'epithecium en un beau violet ; seule, elle lui donne la teinte rouge-vineuse.

*** 207 . — Biatora flexuosa** (Nyl.), Th. FR., Scand., p. 444 ; FLAGEY, Fr.-Comté, p. 416 ; JATTA, Syll. Italic., p. 326. = *Lecidea flexuosa* Nyl., Scand., p. 110 ; BOISTEL, Nouv. Fl. des Lich., II, p. 218 ; MAHEU et GILLET, Iles Baléares, n° 118.

Lac Nino, sur l'écorce lisse des branches.

208 . — Biatora rivulosa Krb., Syst. 196 ; FLAGEY, Fr.-Comté, p. 419 ; JATTA, Syll. Italic., p. 327. = *Lecidea rivulosa* Ach., Meth., p. 38 ; BOISTEL, Nouv. Fl. des

Lich., II, p. 211 : MAHEU et GILLET, Ouest de la Corse, n° 160 ; de CROZ., Vizzav., p. 58.

Sur quartzite, vallée du Golo.

* 209. — **Biatora stiriaca** Mass., Ric., 125 : JATTA, Syll. Italic., p. 328. = *Biatora rivulosa* var. *corticola* Krb., Prg., 150 ; FLAGEY, Franche-Comté, p. 419. = *Lecidea* BOISTEL. Nouv. Flore des Lichens, II, p. 211, pour le type, sur roche : *B. rivulosa* Ach.

Lac Nino, sur l'écorce d'un hêtre.

Cette plante n'est signalée ni en France, ni en Algérie. Nous ne l'avons pas, non plus, rencontré dans les Iles Baléares.

Thalle assez épais, gris-blanchâtre sale ou cendré bruni, tartareux-aréolé, parfois parcouru par l'hypothalle brun, dessous brun K — ; Cl, — ; K(Cl) — ; I —.

Apothécies sessiles, grandes, jusqu'à 1,5 mill., espacées, parfois pressées-difformes, d'abord ponctiformes, puis plates, devenant tardivement convexes, mais légèrement, à disque un peu luisant *mamelonné*, noir étant sec, rose-violet étant humide, à bord bien marqué, entier ou flexueux, persistant, plus pâle que le disque, brun-noir, devenant brunâtre, et ne contenant pas de gonidies.

Epithecium granuleux, ainsi qu'une partie du thecium ; hypothecium incolore, Thecium haut de 80 — 90^{mus}.

L'iode colore l'hymerium en bleu passant au violet, et au violet foncé pour l'epithecium.

Spores hyalines, fabiformes-incurvées, simples, avec tendance à une cloison, ce qui rapprocherait notre plante de *Lecania* groupe *cyrtella*, mesurant 8 — 10 × 3 — 4^{mus}.

Les paraphyses, brunies au sommet, assez cohérentes, sont renflées en massue à l'extrémité, où elles mesurent jusqu'à 4 à 7^{mus} d'épaisseur.

* 210. — **Biatora nigroclavata** Nyl. 1853 : Jatta, Syll. Ital., p. 331. = *Lecidea lenticularis* var. *nigroclavata* Nyl., Scand., 212. = *Biatorina lenticularis* var. *nigroclavata* (Nyl.), FLAGEY, Fr.-Comté, p. 386.

Ecorce de pin.

LII — **Lecidea** Ach. 1803 et **Lecidella** Krb. 1855

* 21 . — **Lecidea aglæa** Smrf. supl. 144 ; Nyl., Scand., p. 228 ; BOISTEL, Nouv. Fl. des Lichens, II, p. 204 ; JATTA. Syll. Italic., p. 336 (*Lecidella*).

Sur granit et sur quartzite, au lac Nino

Thalle K + jaune. Spores de 10 — 15 × 5 — 6^{mus}.

* Var. *aglæiza* Nyl., Add., 1183 ; Boistel, l. c.

Avec le type, au lac Nino.

Alvéoles très petites, sur l'hypothalle noir très apparent, K —.
Spores petites 9 — 12 × 4,5 — 6^{mus} parfois sphériques, de 6 —
8^{mus} de diamètre.

212. — **Lecidea armeniaca** (D. C.) Fr., Lich. Eur., 1831,
p. 320 ; Jatta, Syll. Italic., p. 336 ; Mah. et Gill.,
Ouest de la Corse, n° 162 ; de Croz., Vizzav., p. 57.

Lac Nino, sur roche siliceuse.

* 1° Var. *lutescens* Anzi ; Arnd. Tyrol, XIII, p. 8 ;
Jatta, loc. cit. ; Nyl., Delph., p. 401.

Même habitat.

Apothécies foncées ; epithecium bleu-noir, thecium et hypothecium bleus.

* 2° — Var. *nigrita* Schær., Enum., p. 107 ;
Harmand, Lich. Meurthe-et-Moselle, p. 405 : Jatta,
loc. cit.

Lac Nino, sur roches granitiques.

* 213. — **Lecidea aglæotera** Nyl., Pyr.-Or. ; Boist., Nouv.
Flore des Lichens, II, p. 204, groupe du *L. armeniaca* Fr.

Sur roche quartzeuse, au Monte Rotondo, août 1909.

Cette plante a été omise dans notre premier travail sur l'Ouest
de la Corse.

Thalle K + jaune ; I —, médulle rougeàtre sous le cortex ;
spores rares 10 × 5^{mut}, hyalines, simples ; epithecium vert-
brun, thecium un peu verdàtre, hypothecium pàle, hymenium
I + bleu.

Nous l'avons également récoltée sur des roches granitiques au
lac Nino, en mélange avec la précédente, mais stérile.

* 214. — **Lecidea athroocarpa** Ach., Meth., 41 ; S. G.
Lecidella Krb., Jatta, Syll. Italic., p. 337 ; Boistel,
II° partie, p. 217 : Nyl., 1878. = *Lecidea fumosa* var.
athroocarpa Ach. L. U. 158. = *Psora fumosa* var.
nitida f' *polygonia* Anzi, Ctg. 63. = *Lecidea atrofus-
cescens* Nyl. 1866 ; Flagey, Algérie, p. 75.

Près du fleuve Golo, sur roche granitique.

Thalle très finement aréolé ; aréoles petites, pressées, d'un brun
chàtain luisant, planes ou concaviuscules, anguleuses, à marge
élevée plus claire, souvent blanchàtre, I + bleu-violacé sombre,
K —, Cl, K(Cl) —.

Apothécies naissant entre les aréoles, de 0,6 à 0,9 mill., ne dépassant pas le thalle en hauteur, *polygonales* (d'où le nom de *polygonia Anzi*) à cinq ou six pans, à disque noir ; mat, très plan, bordé par une marge mince, élevée, persistante, I + Epithecium bleu foncé, thecium bleu clair, passant au vert-jaunâtre. Thecium haut de 110 à 120^{mus}. Spores 12 — 16 × 7 - 9^{mus}, elliptiques (un peu plus petites que ne l'indique Jatta, l. c., 15 — 21 × 9 — 11^{mus}), le plus souvent unisériées dans les thèques.

* 215. — **Lecidea elata** Schær., Spic., 137 ; Boist., II, p. 205 ; Jatta, Syll., Italic., p. 339. = *Lecidella* sp., Krb., Syst., 240. = *Lecidea amylacea* Ach., Univ. 172.

Var. *formata* Maheu et Gillet (*var. nov.*).

Roches granitiques lavées, affluents du Golo.

Thalle jaune pâle, tartareux, mince, plat, lisse, fendillé-aréolé, aréoles petites, pressées, anguleuses. *à contour festonné et bien figuré*, limité par l'hypothalle bleu-noirâtre ; parfois, sur la roche très unie et lisse, se détachent de petites rosettes arrondies et bien limitées comme ci-dessus, I — ; K + jaune ; Cl — ; K(Cl) + jaune vif.

Apothécies noires, nues, innées, d'abord ponctiformes, puis moyennes, de 0,7 à 0,9 mill. de diamètre, plates, très peu convexes à la fin, 1 à 3 par compartiment, à disque granuleux, à bord propre peu marqué, fugace, mais couronnées par le thalle qui forme un bourrelet autour d'elles. Spores par huit, elliptiques, simples, mesurant 10 — 12 × 5 — 7^{mus} ; thèques claviformes, de 55 — 65 × 15 — 21 ^{mus} ; hymenium I + bleu persistant ; K —. Le sommet des paraphyses est colororé en rose violacé par l'acide nitrique.

Epithecium brun ou brun-verdâtre, thecium et hypotecium incolores.

Notre plante, par ses apothécies innées, planes, rappelle un *Aspicilia* et par son thalle façonné, figuré, un petit *Placodium*.

* 216. — **Lecidea tessellata** Flk. ; Flagey, Fr.-Comté, p. 452 ; Boistel, Nouv. Flore des Lich., II, p. 208 ; Mass., Ric., 93. = *Lecidea* (*Lecidella*) *spilota* Fr., Syst. ; Jatta, Syll. Italic., p. 344.

Au lac Nino, sur roche granitique.

* 217. — **Lecidea distans** Krplh., in-flora 1855, 71 ; Jatta, Syll. Italic., p. 342. = *Lecidella straminea* Anzi, Ctg., 81.

Lac Nino, sur granit rouge, non signalé en France, ni en Algérie.

Thalle jaunâtre pâle, subsquamuleux, aréolé ; aréoles lisses, planes ou concaviuscules, pressées, ou solitaires et alors encastrées dans l'hypothalle noirâtre très apparent, ce dernier parcourant parfois le thalle et le limitant, K + jaune ; Cl — ; K (Cl) — ; I + bleu-violet.

Apothécies naissant sur les aréoles, solitaires ou par 3-4 devenant plus tard contiguës, innées et d'abord ponctiformes, puis émergeant, égalant le thalle ou le dépassant très peu, planes ; bord mince, concolore, s'évanouissant à la fin.

Spores nulles, ou à peu près, dans nos échantillons. D'après Jatta, elles mesurent $9 - 11 \times 5 - 7^{mus}$. Hymenium I + bleu, puis verdâtre.

*** 218. — Lecidea tenebrosa** (Fw.), Nyl., Prod., 127 ; Flagey, Fr.-Comté, p. 447 ; Jatta, Syll. Italic., p. 341. = *Aspicilia* sp. Kœrb ; *Lecanora* sp. Nyl., Fl., 1862. S.-G. *Lecidella* Krb.

Lac Nino, sur les roches granitiques, en mélange avec *Lecidea variegata* Fr. ; roches siliceuses, rives du fleuve Golo.

**** 219. — Lecidea lactea** (Flk.) Schær. Spic. 127 ; Boistel, II, p. 209 ; Nyl., Scand., 230 ; Jatta, Syll. Italic., p. 341 ; de Croz., Vizzav., p. 57. = *Lecidella* = *Lecidea ambigua* Fr., Lich., Scand., exsicc. 407.

Espèce litigieuse et souvent controversée.

Sur roche granitique, cours supérieur du Golo.

Thalle blanchâtre, paraissant cendré à l'œil nu par suite des apothécies noires très nombreuses, épais (jusqu'à 1^{mm} 75), fendillé-aréolé ; aréoles planes ou rarement bombées, lisses, arrondies ou allongées et anguleuses, K et K(Cl) + jaune, puis rouge-sang ; Cl — ; I + bleu violacé foncé. — Hypothalle non visible.

Apothécies innées, ne dépassant pas le thalle, sinon tardivement, planes, noires, nues, insérées sur les aréoles ou entre les compartiments, arrondies ou allongées, ne dépassant guère 0^{mm} 75 de large à bord propre mince, concolore au disque, persistant ; hymenium I + bleu intense, Cl —. Epithecium K + rougeâtre, ainsi qu'une partie du thecium ; Acide nitrique + violacé,

Spores non mûres, mesurant dans les thèques $8 - 9 \times 4,5 - 6^{mus}$; thèques de $50 - 65 \times 13 - 15^{mus}$; hauteur du thecium 80 à 100, jusqu'à 150^{imus} dans les vieilles apothécies.

220. — Lecidea variegata Fr. L. Eur., p. 203 ; Flagey, Fr.-Comté, p. 453 ; Jatta, Syll. Italic., p. 342 ; Mah. et Gill., Ouest de la Corse, n° 164. = *Lucidella* = *Lecidea ambigua* var. *variegata* Krb. = *Lecidea lactea* Flk. (Flagey, l. c.)

Sur les roches granitiques, lac Nino.

Thalle gris cendré pâle, avec un reflet rougeâtre, mat, finement aréolé ; aréoles planes, serrées avec des interstices laissant voir l'hypothalle noir, ce dernier limitant le thalle par endroits, I + bleu — violet foncé ; K + *jaune, puis rouge-sang* ; Cl, K(Cl) —.

Apothécies d'abord innées, puis égalant le thalle, recouvertes d'une pruine blanche, puis devenant plus grandes, convexes, noires, nues, presque difformes-gyrosées, à marge mince, flexueuse ; spores simples, de $11 — 14 \times 5 — 6^{mus}$, ellipsoïdes ou oblongues, renfermant $3 — 4$ nucléus, plutôt rares à l'état libre ; Hymenium I — bleu intense persistant ; hauteur du thecium $70 — 80^{mus}$.

221. — **Lecidea Kochiana** Hepp., Würtz, 61 ; Nyl., Scand., 223 ; Jatta. Syll. Italic., p. 328 ; Mah. et Gill., Ouest de la Corse, n° 161 : de Croz., Vizzav., p. 58. = *Biatora Kochiana* Fr. L. Eur., p. 272 ; Flagey, Fr.-Comté, p. 420.

Roches siliceuses, le long du fleuve Golo.

Spores simples, globuleuses ou ellipsoïdes, de $4\text{-}5^{mus}$ de diamètre, ou mesurant, étant libres, $5 — 7 \times 3 — 4^{mus}$, par huit, groupées sur deux rangs dans des thèques courtes, claviformes, de $35 — 37 \times 13 — 16^{mus}$. — Médulle I + bleu sombre ; thalle K — ; Cl — ; hymenium I + bleu foncé, surtout les thèques.

*** 222.** — **Lecidea lygæa** Ach., Syn., 34 ; Jatta, Syll. Italic., p. 328 ; Boistel, Nouv. Fl. des Lich., II, p. 215. = *Biatora Kochiana* var. *lygæa* Ach. ; Flagey, Franche-Comté, p. 420.

Au lac Nino, sur roche quartzeuse.

Thalle peu épais, d'un brun-fuligineux, décoloré et blanchi par places, tartareux, mat, continu, uni le plus souvent ou légèrement fendillé, K — ; Cl — ; I —.

Apothécies moyennes, de 0,5 à un millimètre de large d'abord innées ; puis adnées, arrondies, parfois oblongues, d'un noir mat, nues, planes ou concaviuscules, à bord mince, devenant immarginées : hymenium I + bleu, surtout le sommet des thèques, K —. Acide nitrique —.

Spores petites, hyalines, sphériques, mesurant 3 à 6^{mus} de diamètre, ou ovoïdes, de $6 — 9 \times 5 — 7^{mus}$, unisériées (thèques de $55 — 60 \times 10^{mus}$, cylindriques), ou bisériées (thèques renflées de $30 — 35 \times 11 — 15^{mus}$). Paraphyses assez robustes, épaissies et brunes au sommet, où elles sont capitées, parfois ramuleuses ou irrégulières, de 3 à 7^{mus} d'épaisseur.

* 223. — **Lecidea Pilati** Krb. Parerga, 223 ; Th. Fr., Scand., 498 ; Flagey, Fr.-Comté, p. 450 ; Jatta (S.-G. *Lecidella*), Syll. Italic., p. 343. = *Lecidea botryosa* (Hepp.) Arnd.

Sur une roche quartzeuse

Espèce nouvelle pour la France, Flagey ne l'indiquant qu'au mont Pilat, en Suisse.

Thalle blanchâtre, mince, granuleux-verruqueux, non continu, manquant par places, groupé autour des fructifications, K + jaune ; Cl — ; I —.

Apothécies moyennes, sessiles, souvent confluentes, noires, mates, déformées par leur pression, longtemps plates, puis convexes, à bord entier, sinueux : paraphyses cohérentes, capitées ou rameuses, bleuâtres au sommet ; epithecium bleuâtre, le reste incolore ; spores simples, ellipsoïdales, de $8 — 13 \times 4 — 6^{mus}$, un peu plus grandes que celles indiquées par Flagey et Jatta ; Hymenium I + bleu ; K — ; N (après K), + jaune, surtout les thèques ; *excipulum proprium* N + violet foncé.

* 224. — **Lecidea xanthococca** Smrf. ; Nyl., in-flora 1874, 13, 318 ; Boistel, Nouv. Fl. des Lich., II, p. 218 ; Jatta, Syll. Italic., p. 343 (S.-G. *Lecidella*).

Sur l'écorce d'un sapin et sur un tronc vétuste.

Thalle jaunâtre, granuleux, à grains serrés ou séparés, saillants, plus ou moins crénelés, surtout autour des apothécies, K + jaune, puis rouge ; Cl — ; I —.

Apothécies moyennes, de 0,3 à 0,7 mill. de diamètre, noires, nues, plates, à bord mince et persistant, souvent flexueux, comme dans *Lecidea flexuosa*, sombres dedans, avec l'hypothecium roux-brun foncé ; hymenium I + bleu intense.

Spores simples, petites, de $9 — 12 \times 4 — 6^{mus}$, par huit dans des thèques renflées au sommet et atténuées à la base, de $35 — 45 \times 10 — 12^{mus}$.

* 225. — **Lecidea brachyspora** Th. Fr., Scand. 501 ; Jatta, Syll. Italic., p, 347. = *Lecidella* Krb.

Pierres siliceuses des murs aux environs de Calacuccia,

Plante nouvelle pour la France.

Thalle cendré-blanchâtre, mince, finement aréolé-granulé ; aréoles pressées formant de petits ilots parmi d'autres espèces, hypothalle noir débordant parfois, I — K Cl —.

Apothécies petites, de 0,4 à 0,6 mill., devenant sessiles, noires, planes, rebordées, puis peu convexes, immarginées, irrégulières, tuberculeuses ou fendillées ; hymenium I + bleu.

Spores simples, hyalines, courtes, ovoïdes ou globuleuses, par huit dans le premier cas et mesurant $7 — 8 \times 4 — 5,5^{mus}$ et par douze dans le second, mesurant 4 à 6^{mus} de diamètre. Hauteur du thecium 70 — 80^{mus}. Epithecium bleu-verdâtre, thecium incolore, puis jaunâtre en-dessous, hypothecium brunâtre.

* 226. — **Lecidea sabuletorum** Flk. 1808 ; JATTA, Syll. Italic., p. 348 (S.-G. *Lecidella*). = *Lecidea latypea* Ach., Meth., supp. 10 ; FLAGEY, Fr.-Comté, p. 444 ; HUE, Canisy, p. 83.

Sur roche quartzeuse.

Thalle épais, blanc-grisâtre, granuleux-verruqueux à granules agglomérés, fendillés, K + un peu jaune ; Cl — ; I —.

Spores ovoïdes ou presque sphériques, de 6 — 12 × 5 — 8^{mus}. Hymenium I + bleu ; K — ; N + epithecium violet, hypothecium + rouge-brun.

227. — **Lecidea parasema** Ach., Syn., p. 17 pr. p.

Sur les écorces. largement disséminé.

1° — *f* limitata Ach., HUE, Canisy, p. 79, Aix, p. 67 ; BOISTEL, II° partie, p. 218 ; MAH. et GILL., Ouest de la Corse, n° 169 ; de CROZ., Vizzav., p. 58.

Sur l'écorce d'un pommier, rives du fleuve Golo, moins abondant.

2° — Var. *elœochroma* Ach., L. U., p. 275 ; Nyl., Scand., p. 216 ; HUE, l. c. ; MAH. et GILL., l. c. ; de CROZ., l. c.

Même habitat, fréquent ; sur les chênes, au lac Nino.

* 228. — **Lecidea crustulata** Krb., Syst., p. 249 ; FLAGEY, Fr.-Comté, p. 463 ; HUE, Canisy, p. 86 et Environs de Paris, n° 273 ; MAH. et GILL., Ouest de la Corse (var.). n° 179 ; JATTA. Syll. Italic., p. 363. = *L. parasema* var. *crustulata* Ach., L. U. 176.

Sur les pierres siliceuses d'un mur, à Calacuccia, près de la ligne de faite, versant Est ; sur des roches granitoïdes, vallée du Golo.

* 229.   **Lecidea enteroleuca** Ach.. Syn., 19.
Var. *deusta* Mass., Ric., 17 ; JATTA, Syll. Italic., p. 351. = *Lecidella* Krb.

Sur l'écorce d'un hêtre.

Thalle brun-jaunâtre, rugueux, limité souvent par l'hypothalle brun-noir qui se répand par petites taches sur le thalle et lui donne un aspect plus sombre, K + jaune; Cl —; K(Cl) — ou conserve la teinte jaune obtenue par la potasse; I —.

Apothécies mates ou parfois un peu luisantes, d'abord plates et rebordées, puis convexes et immarginées, rugueuses. Hymenium I + bleu, surtout le sommet des thèques. Epithecium bleu, thecium bleu-verdâtre en haut, hypothecium jaunâtre. Spores subelliptiques de $10 - 13 \times 6\text{-}7^{mms}$, un peu moins longues que ne l'indique Jatta; thèques de $45 - 50 \times 16 - 18^{mus}$. Paraphyses minces, libres, bleues au sommet, non articulées.

Cette variété se rapproche de la var. *dolosa* Ach.; Hue, Canisy, p. 80, mais cette dernière donne Thalle Cl + orangé.

230. — **Lecidea euphorea** Flk.; Nyl., in-flora 1881, p. 187; Lamy, Cauterets, p. 74; Hue, Canisy, p. 84, Aix, p. 33, Maheu et Gillet, Ouest de la Corse, n° 170, Iles Baléares, n° 121. = *Lecidea enteroleuca* var. *euphorea* (Schær.), Jatta, Syll. Italic., p. 351.

Sur les troncs de noyers.

* 231. — **Lecidea psoroides** Bgl. et Crst.; Jatta, Syll. Italic., p. 356. = *Lecidea fumosa (fuscoatra)* var. *ocellulata* Schær., En., 110.

Roches siliceuses granitoïdes, près du fleuve Golo.

232. — **Lecidea fuscoatra** Fr., L. E., 316; Boist., II⁰ partie, p. 216; Mah. et Gill., Ouest de la Corse, n° 172 (variété); de Croz., Vizzav., p. 57. = *Lecidea fumosa* Hoffm., Jatta, Syll. Italic., p. 357.

Roche granitique, sur les rives du Golo.

* Var. *confluens* Bgl., Lich. Tosc., 259; Jatta, Syll. Italic., p. 357.

Roche siliceuse cristalline, fragile, sur les rives du fleuve Golo.

Thalle aréolé-fendillé, aréoles pâles, planes. Apothécies noires, nues, planes, puis convexes, à bord mince, persistant, souvent réunies à plusieurs et formant un groupe arrondi-anguleux de $2 - 3$ mill. de large. Spores petites, mal formées, rares.

Hymenium I + bleu, K —; Thalle I —; K + jaune; Cl —; K(Cl) + rouge; Thecium haut de 95 à 105^{mus}.

* 233. — **Lecidea fuscoatrata** Nyl., in-fl. 1875, 301; Jatta, Syll. Italic., p. 357.

Lac Nino, sur roche granitique rouge; sur les rives du Golo, roche quartzeuse.

Le thalle est semblable à celui de *Lecidea furiosa* (*fuscoatra*). Aréoles planes, d'un brun-marron, mates, plus petites, K — ; Cl, K(Cl) —, débordées largement par l'hypothalle noir qui impose sa couleur à l'ensemble.

Apothécies moyennes, de 0,6 à 0,9 mill. de diamètre, à disque noir, nu, plat, s'élevant peu au-dessus du thalle, à marge mince élevée, concolore, flexueuse et persistante. Spores petites, simples, subcylindriques ; arrondies aux extrémités de $9 - 10 \times 2,5 - 3,5^{mus}$, par huit, groupées sans ordre ou oblique, et sur un seul rang, dans des thèques de 30×14^{mus} dans le premier cas, ou 40×11^{mus} dans le second. Hymenium I + bleu ; K —, Cl — ; thecium haut de 70 à 90^{mus}.

*** 234. — Lecidea atrolurida** Nyl., Pyr.-Or., p. 34 ; Boistel, Nouv. Fl. des Lich., IIe partie, p. 217.
Sous-Genre : *Lecidella* Krb.

Lac Nino, sur roches quartzeuses ou siliceuses et sur les schistes.

Thalle aréolé, châtain-livide ; les aréoles étant souvent arrondies, parfois anguleuses et reposant sur l'hypothalle noir I + bleu sombre, K —, Cl —.

Apothécies naissant entre les aréoles, arrondies ou anguleuses, à disque noir et à rebord mince disparaissant à la fin, planes ou un peu bombées à la fin ; hymenium I + bleu ; hauteur du thecium 60^{mus}.

Spores grandes, légèrement verdâtres, simples, oblongues, de $17 - 21 \times 5 - 8^{mus}$.

235. — Lecidea lithophila Ach., Lich. Univ., p. 160 ; Jatta, Syll. Italic., p. 345 ; Mah. et Gill., Ouest de la Corse, n° 165.

Sur les pierres quartzeuses et granitiques des murs, à Calacuccia.

236. — Lecidea platycarpa Ach., Lich. Univ., p. 173 ; Mah. et Gillet, Lich. Ouest de la Corse, n° 173 ; de Crozals, Lich. Vizzavona, p. 57 ; Jatta, Syll. Italic., p. 359.

Sur quartzite à tourmaline.

Var. *steriza* (Ach.) Nyl., Scand., p. 224 ; Jatta, loc. cit. ; Mah. et Gill., loc. cit. = *Lecidea confluens* var. *steriza* Ach., L. Un., p. 174.

Sur les roches siliceuses.

237. — Lecidea strepsodea Nyl., Pyr.-Or., p. 48 ; Boistel,

Nouv. Fl. des Lich., IIe partie, p. 214 ; Mah. et Gill., Ouest de la Corse, n° 166.

Lac Nino, sur des roches quartzeuses et sur le granit.

Thallo presque nul, ne comportant que quelques vestiges, peu visibles dans les creux de la pierre ; l'ensemble est gris-cendré, I + bleu-verdâtre, K + jaunâtre-fugace, Cl, K(Cl) —.

Apothécies noires, nues, grandes, jusqu'à 2,5 mill. devenant très convexes-agglomérées, à bord très sinueux pénétrant en partie dans l'intérieur du disque ; dedans sombre, avec une ligne grise (à la loupe), claire ou incolore dans une coupe mince. Spores oblongues-cylindriques, de 8 — 13 × 2,5 — 3^{mus}. Hymenium I + bleu, surtout l'epithecium.

Notre plante diffère quelque peu du type, par ses apothécies plus élevées et par ses spores plus allongées et plus étroites (type : 7 — 10 × 3,5 — 4,5^{mus} Nylander).

* 238. — **Lecidea speirea** Ach., Meth., 52 ; Flagey, Fr.-Comté, p. 468 ; Jatta, Syll. Italic., p. 361 ; groupe du *L. calcarea*, *Lecidea speirea*, Boist., Nouv. Flore des Lichens, II, p. 206. = *Lecidea contigua* var. *speirea*, Nyl., Scand., 225.

Sur une roche granitique.

* 239. — **Lecidea meiospora** Nyl., Pyr.-Or., p. 63 ; Hue, Canisy, p. 86, Env. de Paris, n° 272. = *Lecidea contigua* var. *meiospora* Nyl., Scand., 225. = *L. crustulata* var. *meiospora* Olivier, Ouest, II, p. 113 ; Flagey, Fr.-Comté, p. 464.

Sur les roches siliceuses, dans le lit de l'Erco (torrent à sec) et sur les bords du Golo.

* 240. — **Lecidea cærulea** Krplh., in-fl., 1857 ; Jatta, Syll. Italic., p. 365. = *L. hypocrita* Mass., Sym., 53.

Calacuccia, sur les pierres siliceuses d'un mur. Espèce nouvelle pour la France.

Thalle tartareux-farineux, continu ou très finement fendillé, d'un blanc grisâtre ou glauque, surtout au pourtour, I —; K — Cl, K(Cl) —.

Apothécies grandes, noires, planes, d'abord enfoncées dans le thalle, puis émergeant, à disque rugueux, devenant umbonées-convexes ; bord plus noir, lisse, épais, persistant jusqu'à la fin. Spores simples, elliptiques-allongées, *très atténuées aux deux bouts*, de 11 — 19 × 4 — 6^{mus}.

Thecium incolore, haut de 90 à 100^{mus}.

Hymenium K —; I + bleu persistant.

Cette plante se rapproche du *Lecidea emergens* Flw., par son thalle ; elle s'en éloigne par son bord persistant, ses spores aiguës et par l'insensibilité de l'hymenium à la potasse.

*** 241. -- Lecidea expansa** Nyl., Apud., Hue, Add., Lich. Eur., p. 236, Hue, Lich. de Canisy, p. 72, Lichens envir. de Paris, n° 274 ; Boist., Nouv. Fl. des Lich., II, p. 217. = *Lecidea dispansa* Nyl.; Malbr., Catal. Lich. de Normandie, p. 269. = *Lecidea erratica* Kœrb ; Th. Fr., Scand., p. 556.

Sur roche quartzeuse.

Thalle très mince, noirâtre, poussiéreux, continu, étendu.

Apothécies petites, noires, mates, sessiles, d'abord concaves, puis plates, à bord mince, puis globuleuses et immarginées. Une jeune apothécie nous a présenté : epithecium bleu (mince), thecium bleuâtre ou incolore, hypothecium bleu, puis noir-bleu épais (excipulum); une autre convexe, plus âgée, nous donne : epithecium noir-bleu, thecium et hypothecium bleus, puis le noir-bleu de l'excipulum. Hymenium I + bleu, K —. L'acide nitrique colore les parties noir-bleu et la moitié inférieure du thecium en rose-violacé.

Spores rares et mal développées, de $6 - 7 \times 3 - 3,5^{mus}$, au lieu de $7 - 9 \times 3\text{-}4^{mus}$ (Hue). Thèques de $35 - 45 \times 8 - 10^{mus}$.

B. — Spores simples, nombreuses

LIII — **Biatorella** Durs. 1850

242. — Biatorellà morio Fr., L. E., 319 ; Jatta, Syll. Italic., p. 367 ; Mah. et Gill., Ouest de la Corse, n° 157 ; de Croz., Vizzav., p. 161.

Sur quartzite, au lac Nino.

*** 1° —** Var. *coracina* (Smrf.).— Th. Fr., Scand., 403 ; Jatta, l. c., p. 367.

Roches siliceuses, au lac Nino.

Spores sphériques, nombreuses dans les thèques, de $2,5 - 3^{mus}$.

Avec le type, sans compartiments jaune-cuivreux comme lui.

*** 2° —** Var. *glauco-albicans* Nyl., Pyr.-Or., p. 49 ; Boistel, Nouv. Fl. des Lich., II, p. 228 (Genre *Sarcogyne*).

Même habitat.

243. — **Biatorella cinerea** Th. Fʀ., Scand., p. 403; Jᴀᴛᴛᴀ, Syll. Italic., p. 367; Mᴀʜ. et Gɪʟʟ., Ouest de la Corse, n° 158. = *Lecidea morio* var. *cinerea* Schær., En., 108. = *Lecidea nigrocinerea* Nyl., in-fl. 1872, p. 553.

Sur roche granitique, à surface ochracée, rive du Golo.

* 244. — **Biatorella pinicola** Th. Fʀ., Scand., 401 ; Jᴀᴛᴛᴀ, Syll. Italic., p. 368. = *Sarcogyne pinicola* Mass., 1856.

Sur les troncs de pins.

Espèce non observée en France, ni en Algérie.

Thalle très mince, un peu granuleux, d'un blanc-grisâtre, parfois une simple tache sur l'écorce.

Apothécies très petites, ne dépassant pas 0,3 mill. de large, adnées, d'un brun-roux, surtout étant humectées, ou d'un noir-obscur, mates, d'abord plates, ou même subconcaves, puis convexes et sans rebord ; epithecium brun-roux, thecium et hypothecium incolores ; hymenium I + bleu ; K —.

Spores simples, hyalines, globuleuses, de $3 - 4^{mus}$ de diamètre, en grand nombre dans les thèques claviformes, de $35 - 40 \times 10 - 15^{mus}$.

C. — Spores hyalines, uniseptées

LIV — **Biatorina** Mass. 1852

*245 — **Biatorina concreta** Mass., Ric. 79; Jᴀᴛᴛᴀ, Syll., p. 377. = *Catillaria Massalongi* Krb., Prg. 195.

Sur roche quartzeuse, cours supérieur du Golo.

Espèce nouvelle pour la France.

Thalle noir-brunâtre dans l'ensemble. A la loupe, cendré-obscur, composé de granules très petits, et très pressés, laissant voir par intervalles, l'hypothalle noir, débordant, en filaments minces, sur la pierre, K — ; Cl. —.

Apothécies noires, petites, de 0,2 à 0,5 millimètre de diamètre, longtemps concaves, puis plates, à disque nu, à bord mince, hymenium I + bleu ; K — ; epithecium jaune-brun, thecium et hypothecium incolores.

Spores petites, oblongues, à une cloison qui n'est visible qu'après coloration, de $9 - 11 \times 2 - 4^{mns}$, et à épispore très mince, par huit dans des thèques ventrues de $40 - 45 \times 13 - 14^{mus}$, avec un grand vide au sommet.

Par ses apothécies noires et ses spores plus allongées, cette espèce se distingue de *Biatorina lenticularis* (Ach.).

*246. — **Biatorina minuta** (Müll.) — Flagey, Lich. de Fr.
Comté, p. 388 ; Boistel, Nouv. Flore des Lich. II,
p. 195. = *Biatora minuta* Mæg. et Hepp. *Nota : non B
minuta* Mass., Ric., p. 137 : Jatta, Syll. Italic. p. 378
(sur roches calcaires).

Sur les écorces lisses, au lac Nino.

LV. — **Thalloidima** Mass. 1854

247. — **Thalloidima vesiculare** (Ach.) Kœrb., Syst., p. 179 ;
Boist., IIe partie, p. 106 ; Mah. et Gill., Ouest de la
Corse, n° 280 (Norrlin), et Iles Baléares, n° 99 ; =
Toninia cæruleo-nigricans Th. Fr., Scand., p. 336 ;
de Croz. Vizza., p. 50, *Biatorina (Thalloidima) vesicu-
laris* Hoffm. ; — Jatta Syll. Italic., p. 370.

Terre des roches, un peu partout.

*248. — **Thalloidima glaucomela** Nyl.   *Toninia glaucomela* (Nyl.), Boistel, Nouv. Fl. des Lich., IIe partie, p. 105 ; Mah. et Gill., Ouest de la Corse, n° 221
= *Biatorina (Thalloidima) glaucomela* Nyl. in-Fl.,
1878, 451 ; Jatta, Syll. Italic., p. 371.

Rives du fleuve Golo, sur les roches granitiques (vertes), ter-
reuses.

Nous n'avons pas trouvé de spores. Cette plante est spéciale à
la Corse, d'après Jatta.

Non signalée en France, ni en Italie, par Jatta ; voisine de *Th.
vesiculare* Ach.

*249. — **Thalloidima Toninianum** Mass., Ric., p. 97 ; Flag.,
Lich d'Alg., p. 63 : Mah. et Gill., Lich. des Iles Baléares, n° 100 = *Thalloidima mamillare* var. *Toni-
niana* Mass. = *Lecidea caesio-candida* Nyl., Prod.,
p. 366.

Sur la terre calcaire des roches.

*250. **Thalloidima candidum** Kœrb. Syst., p. 179 ; Flagey,
Lich. d'Algérie, p. 63 : Jatta, Syl. italic.. p. 372 =
Toninia Sp., Th. Fr., Scand., p. 338 ; Flagey, Lich. de
Fr.-Comte, p. 344.

Terre des roches calcaires.

D. — Spores hyalines, à plusieurs cloisons.

LVI. — **Bilimbia S.-G. Toninia** Mass. 1852

*251. — **Toninia deformans** (JATTA), OLIVIER, Lécidées d'Europe, Bulletin de Géographie Bot. 1911, p. 165 ;
MAHEU et GILLET, Iles Baléares, 1922, n° 98. = *Bilimbia (Toninia) deformans* JATTA, Syll. Italic., p. 402,
1900. = *Leptographa toninioides* JATTA, 1892.

Sur roche granitique, associé à *Lecidea lactea* Flk., et à *Lecanora glaucoma* Ach., sur le thalle duquel quelques apothécies de
notre plante vivent en parasites, sans thalle propre.

Thalle K + jaune, I + bleu sombre, blanc cendré, épais.

Hymenium I + bleu, puis rouge-vineux, surtout les thèques ;
K + jaune-verdâtre.

Spores fusiformes, à trois cloisons, mesurant 19-23 × 6-7 ^{mus},
c'est-à-dire un peu plus grandes que ne l'indique Jatta, l. c. ;
visibles seulement par l'addition d'acide nitrique ; elles parais-
sent un peu jaunâtres ou brunes et rapprocheraient alors cette
plante du genre *Leciographa* Fr. (Jatta l. c., p. 423). Les apothécies sont noires, nues, souvent agglomérées, subgyrosées,
déformées.

*252. — **Toninia squalida** (Ach.) MASS., Ric., 108 ; KRB.
Syst., p. 172 ; FLAGEY, Fr.-C., P. 339 ; BOISTEL, Nouv.
Fl. des Lich., II, p. 105 ; JATTA, Syll, Italic., p. 403. =
Toninia squarrosa TH. FR., Scand., p. 331 ; FLAGEY
Algérie, p. 61.

Terre des roches, parmi les mousses (*Bryum*).

Dans nos échantillons, la potasse colore le thalle + jaune ; l'hypochlorite de chaux est sans action.

Spores cylindriques, obtuses aux deux bouts, parfois fusiformes,
hyalines, normalement à trois cloisons, parfois une ou quatre,
mesurant 22 — 40 × 3 — 4 ^{mus} ; paraphyses bleues au sommet, se
terminant en massue de 2 à 5 ^{mus} d'épaisseur.

*253. — **Toninia caulescens** ANZI Ctg. 67 ; GAS., Auverg.,
p. 8 ; BOISTEL, Nouv. Fl. des Lich., p. 105 ; JATTA,
Syll. Italic., p. 403. = *Bilimbia* Durs., sous-G. Toninia MASS. ; JATTA, l. c. ; BOISTEL, l. c., rapproche
cette plante de *T. squalida* MASS.

Terre, dans les fentes des roches granitiques des hauts sommets.

Thalle cendré-brun, mat, coriace, cespiteux, formé de coussinets très serrés, épais de 6 à 12 mill., *stipités*, simulant un dôme soutenu par des piliers entrelacés qui sont autant de tiges ou pieds cylindriques, nus et munis à la base de quelques radicules, K + jaune: Cl. — ; K(Cl.) —.

Apothécies petites, noires, nues, sessiles, mates, souvent confluentes, à bord mince disparaissant. Epithecium d'un bleu-violacé, thecium incolore, hypothecium jaunâtre, I + bleu ; K — ; Cl. —.

Thèques de 45 — 50 × 12 — 13^{mus} ; spores cylindriques, à 3 cloisons, mal formées dans nos échantillons et rares, de 20 × 3^{mus} (Boistel donne comme dimension 24 — 34 × 4 — 5^{mus} et Jatta 20 — 36 × 5 — 6^{mas}—). Paraphyses en massue, mesurant au sommet 4 — 5^{mas} d'épaisseur.

*254. — **Toninia glomerans** (Nyl.) Boistel, Nouv. Flore des Lich., II, p. 105, 1900. = *Lecidea glomerans* Nyl. in Fl., 1887, 131. = *Buellia sp.*, Jatta, Mat. lich., n° 859, 1892-1894. = ? *Lecidea (Lecidella) glomerans* Jatta, Syll. Italic., p. 354, 1900. — *Toninia glomerans* (Nyl.) Jatta, Flora Italica cryptogama, Lichenes, vol. IV, p. 652, 1911.

Non loin du Golo supérieur, fentes des roches siliceuses, (avec une légère trace de calcaire), échantillon très réduit.

Thalle blanchâtre, légèrement teinté de grisâtre autour des apothécies, très épais, concrescent et alors creux à l'intérieur, farineux et friable, quelques squames portant les apothécies sublobées au pourtour, fixées par des radicules propres qui s'enfoncent dans les fentes de la pierre, K + jaunâtre, surtout les parties plus teintées; Cl. — ; I —.

Apothécies moyennes, noir-pruineux, planes, à bord concolore, devenant flexueux, persistant ; epithecium brun-bleuâtre, thecium clair ou peu coloré, hypothecium brun-roux ; hymenium I + bleu persistant; Cl. — ; la potasse colore l'epithecium en violet foncé ; paraphyses facilement libres, fourchues au sommet ou terminées en massue de 3 à 6^{mus} d'épaisseur.

Spores hyalines, subcylindriques, atténuées aux deux bouts, d'abord à 3 cloisons (18 × 3^{mus}), puis 5 — 7 septées et mesurant 27 — 30 × 3,5^{mus}, par huit dans les thèques un peu renflées au milieu, de 50 — 65 × 10 — 11^{mus}.

Aucun des auteurs que nous avons pu consulter ne parle des spores. C'est ce qui explique la longue synonymie ci-dessus et le classement de cette rare espèce dans des genres différents.

C'est donc bien dans le genre *Bilimbia* Durs., sous-genre *Toninia* Mass., Jatta Sylloge, p. 401, qu'elle doit être classée, près de *Toninia multisepta* Anzi, vu le nombre de cloisons.

E. — Spores brunes, unicloisonnées

LVII. — **Buellia** Durs. 1852

*255. — **Buellia sciodes** Nyl., Pyr. Or., pp. 58 et 123 ; Bois-
TEL, Nouv. Fl. des Lich., II, p. 233. = *Rinodina scio-
des* (Nyl.) OLIVIER. Lich. de l'Ouest et Lich. d'Europe,
II, p. 184.

Sur le granit et les rochers siliceux.

Thalle granuleux, fendillé, bai-brun, assez mince, K — ; Cl —.

Apothécies au milieu des compartiments du thalle, noires,
nues, planes, à bord propre concolore au disque ou généralement
plus clair ; epithecium brun-noir, thecium et hypothecium incolores, ce dernier toutefois brunâtre sur une faible épaisseur ; thèques ovoïdes, contenant huit spores brunes, uniseptées, un peu
rétrécies au niveau de la cloison, mesurant 16 — 18 — 20 × 8
— 10 — 12^{mus} ; hymenium I + bleu.

256 — **Buellia leptoclinis** (FLW.) Krb., Syst., p. 225 ; JATTA,
Syll. italic., p. 389 ; FLAGEY, Fr.-C., p. 479 ; MAH. et
GILL., Ouest de la Corse, n° 187.

Sur roche siliceuse.

1° Var. *Inarimensis* JATTA, Bull. Soc. Bot. Italic., 1892, 210 ;
JATTA, Syll. Italic., p. 390.

Roches quartzeuses.

Et roche silico-ferrugineuse, près du fleuve Golo.

Variété non signalée en France.

Thalle cendré obscur au centre, plus clair au pourtour, parcouru et limité par l'hypothalle noir ; aréoles très petites, pressées, planes, un peu plus grandes sur les bords, I + bleu-violacé, K + jaune, puis rouge-sang ; Cl — ; K(Cl) + jaune, puis
rouge.

Spores brunes, 1 — septées, ovales, droites ou un peu courbes, de 12 — 17 × 6 — 9^{mus}. Hypothecium brun-noir ; hauteur
du thecium 75 à 90^{mus}.

2° Var. *subflavescens* Nyl. ; BOISTEL, Nouv. Fl. des Lich. ; II,
p. 235.

Sur diorite.

Apothecies : Epithecium noir-brun, thecium incolore, hypothecium brun.

Spores brunes à 1 cloison de 10 — 11 — 18^{mus} × 7 — 8 — 9^{mus}
Thalle + K = jaune ; th. + K + Cl = Rouge : méd. + I =
bleu.

*257. — **Buellia stigmatea** (Ach.) Krb., Syst., p. 226 : Jatta, Syll. Italic., p. 395 ; Nyl., Lich. Algérie, p. 315. = Groupe du *B. disciformis* Boist., II, p. 235. = Groupe de *B. parasema* Krb., Flag., Alg., p. 77.

Environs de Calacuccia, sur les pierres granitoïdes d'un mur.

Thalle très mince, presque continu ou paraissant nul par places, cendré ou brun-cendré obscur ; hypothalle brun, manquant le plus souvent, K —.

Apothécies petites, sessiles, noires, nues, bord un peu élevé au-dessus du disque, puis disparaissant à la fin, le disque devenant bombé.

Spores brunes, à une cloison, médiocres, obtuses aux deux bouts, parfois un peu courbes, de $9 - 13 \times 4 - 6^{mus}$. Hymenium $I +$ bleu, les thèques $+$ verdâtre ; epithecium brun-roux, thecium incolore, hypothecium brun-clair ; paraphyses fortement capitées, larges au sommet de $4 - 5^{m's}$, où elles sont brunes. Ce caractère constant nous rappelle la var. *capitata* Bgl. de *Buellia myriocarpa* (Jatta, Syll., p. 396) qui, elle, est corticicole.

258. — **Buellia triphragmia** Nyl., mém. Soc. Cherb. V, 1875, p. 126 ; Scand., p. 236 ; Jatta, Syll., p. 308, Mah. et Gill. Ouest de la Corse, n° 183.

Sur écorce de chêne, le long du Golc.

*258 *bis*. — **Buellia subbadia** Anzi., An. 17 ; Jatta, Syll. Italic., p. 389.

Groupe du *Buellia badioatra*.

Roches quartzeuses et granitiques, dans la vallée du Golo. Assez commun.

Plante nouvelle pour la France.

Thalle tartareux, cendré-obscur, plus ou moins sombre, à surface très inégale, aréolé ; aréoles petites, pressées ; hypothalle noirâtre parcourant çà et là le thalle, peu visible, K — ou un peu jaune ; Cl — ; I —.

Apothécies moyennes, noires, mates, granuleuses, naissant sur les aréoles, d'abord petites, innées, ponctiformes, puis élevées avec un bord proéminent plus pâle que le disque, enfin convexes, le bord persistant longtemps.

Spores brunes, uniseptées, ovoïdes et plus courbes d'un côté, de $11 - 19 \times 6 - 10^{mms}$, ou oblongues — cunéiformes, de $16 - 23$ $7 - 11^{mus}$. Hymenium $I +$ bleu ; hauteur du thecium $75 - 85^{mms}$.

*259. — **Buellia æthalea** (Ach.) Th. Fr., Scand., p. 604 ;

Flag., Fr.-C., p. 480 ; Arn., Jura., p. 194 ; Jatta., Syll. Italic., p. 391. = *Gyalecta æthalea* Ach., Un., 669.

Rives du fleuve Golo, sur une roche granitique, formant un ilot au milieu de *Rinodina oreina* Mass., ou simplement associé.

Thalle d'aspect très foncé à l'œil nu, dû à la présence de l'hypothalle noir et des nombreuses apothécies ; aréoles petites, pressées, anguleuses, planes, *brunes-cendrées* à la loupe « *Thallus cinerascens vel fuscidulo-cinerascens* » Jatta, l. c., K + jaune, puis rouge, I + bleu.

Apothécies très petites, 1 à 3 par compartiment, innées, concaves le plus souvent, parfois égalant le thalle, à disque noir, nu, à marge persistante.

Spores brunes, uniseptées, à épispore mince, resserrées pour la plupart, au milieu, mesurant $12 - 16 \times 6 - 8^{mus}$.

F. — Spores brunes

1° Triseptées

LVIII. — **Diplotomma** Fw. 1850

****260. — Diplotomma alboatrum** Krb., Syst., Lich. Germ.. p. 218 ; de Croz.., Vizzav., p. 62.

Var. *ambiguum* (Ach.) Nyl. Scand., p. 236 ; Jatta, Syll. Italic., p. 425. = *Dipl. ambiguum* Flagey. Fr.-C., p. 487. = *Lecidea alboatra* var. *ambigua* (Ach.) ; Hue, Env. de Paris, n° 277.

Pierres granitiques d'un mur, environs de Calacuccia.

****261. — Diplotomma porphyricum** Arn.. Tyrol ; Flagey, Algérie, p. 78 : Jatta, Syll. Ital., p. 426 ; Mah. et Gill., Lich. des Iles Baléares, n° 124, Soc. Botan. de France, févr. 1922 ; de Croz. Vizzav., p. 62. = *Buellia sp.* Boist., II, p. 232.

Sur les pierres siliceuses d'un mur; à Calacuccia.

Thalle blanc-grisâtre, tartareux, très finement fendillé, sans hypothalle, K + jaune, puis rouge.

Apothécies très petites, noires, nues, plates et alors bordées par le thalle, devenant convexes et sans rebord propre. Hymenium I + bleu ; hypothecium brun-roux, hauteur du thecium 75 à 80^{mus} ; paraphyse capitées et brunes au sommet.

Spores brunes à 3 cloisons, avec $4 - 6$ gouttes oléagineuses dont les parois médianes, plus ou moins foncées, forment en quelque sorte des cloisons longitudinales et les rendent murales de $15 - 22 \times 6 - 10^{mus}$, souvent réniformes.

Espèce signalée en France dans les Cévennes ; à Marly, par Hue, en Italie, par Jatta ; en Algérie, par Flagey (commune) ; aux îles Baléares (Minorque), sur grès rouge, par Maheu et Gillet, l. c. (1922).

NOTA. — Le thalle, les spores souvent réniformes, l'habitat sur les murs des champs rappellent la *variété cinereum* Bgl.. Sardaigne, 1879.

2° Murales, majores

LIX. -- **Rhizocarpon** Rmd. 1805

262. -- **Rhizocarpon geographicum** (D. C.) KœRB., Syst. 262 ; Th. FR. Scand., 622 ; FLAGEY, Fr.-Comté, p. 493 ; MAH. et GILL., Ouest de la Corse, n° 193 ; DE CROZ., Vizzav., p. 62. = *Diplotomma sp.*, JATTA, Syll. Italic., p. 431. = *Lecidea sp.*, FR., L. Eur., 326.

Commun sur les roches siliceuses, au lac Nino, lit de l'Erco, etc., formant de petits ilots bien déterminés, soit au milieu du thalle de *Pertusaria sulphurea* Schær., soit contigus à divers *Lecidea*.

1° Var. *lecanorinum* FLK. D. Fl. 63 ; BOIST., IIᵉ partie, p. 242 ; JATTA. l. c.. ; MAH. et GILL.. l. c. = *cyclopicum* Nyl. = *Lecidea ocellata* Wedd.

Roches granitiques, au lac Nino.

Thalle jaune-verdâtre, à aréoles planes ou un peu bombées, contigues I + bleu-violacé foncé.

Apothécies immergées dans les aréoles, planes, d'un noir terne, rugueuses.

Spores noires, opaques, s'éclaircissant avec la potasse, très grandes, souvent pyriformes, à 3 cloisons noires, épaisses, recoupées par d'autres, atteignant $37 - 40 - 47 \times 13 - 20 - 25^{mus}$; au début, elles sont plus régulières, brunes et mesurent $30 - 45 \times 12 - 13$, à 3 cloisons seulement ; Hymenium I + bleu foncé.

2ᵉ Var. *contiguum* SCHÆR., En., 106 ; FLAGEY, l. c. ; JATTA, l. c. ; MAHEU et GILL., l. c.

a) Sur les roches volcaniques, thalle d'un beau jaune.

b) Même habitat que la variété précédente, sur les roches granitiques, au lac Nino, et sur quartzite.

Ici, les aréoles sont petites, planes, contiguës — pressées, d'un jaune très .pâle et même blanc par places, ce qui rapproche notre plante de la *var. dealbatum* Byl. et Crst., An. 277; Jatta, Syll., Ital., p. 432, I + bleu-violacé foncé.

Spores brun-noir, moins opaques, murales, de 31 — 35 × 13 — 15^{mus}. Hymenium I + bleu intense.

Dans notre précédent travail sur l'*Ouest de la Corse*, nous avons omis de signaler la *Var. dealbatum* Bgl, et Crst., sur quartzite, entre Porto et Cargèse.

*3° Var. *tenellum* MULL., L. Beitr., VIII, 110; JATTA, Syll., p. 432.

Lac Nino, sur roche granitique.

Non signalé en France.

Thalle jaune-livide, à aréoles très petites, minimes, de 0,20 à 0,35 millm., rarement un demi millimètre de large, serrées-pressées par groupes entourés par l'hypothalle noir-brun, I + bleuâtre.

Apothécies petites, ne dépassant pas 0,60 mill. de diamètre innées entre les aréoles et ne les dépassant pas en hauteur, planes ou peu concaves, à disque noir, nu, mat, à bord bien marqué, un peu plus clair que le disque, flexueux persistant.

Spores mesurant 30 — 40 × 11 — 18^{mus}, murales, noires ou brun-noir, les cloisons n'étant bien visibles qu'avec l'addition d'une goutte de potasse. Hymenium I + bleu pâle.

*4° Var. *flavopallescens* LAMY, Cauterets, 433; BOIST., IIe partie, p. 141.

Lac Nino, roche granitique, associé à la Var. *lecanorinum* Flk.

Echantillon unique. Thalle jaune pâle, aréoles petites, planes, serrées, sans hypothecium visible, ou à peu près, entre elles, I + bleu-violet foncé.

Apothécies très petites, de 0,1 à 0,3 millimètres de diamètre, concaves, puis planes, avec rebord persistant, très nombreuses, réunies en amas, ou, le plus souvent, serrées en files continues épousant les sinuosités et les creux du support; hymenium I + bleu pâle; spores murales brunes ou brun-noir, de 39 à 42 × 12 — 14^{mus}.

*5° Var. *urceolatum* SCH.ÆR. En., p. 105; BOISTEL, Nouv. Fl. des Lich. IIe partie, p. 242.

Calacuccia, sur les murs construits en granit; lit de l'Erco, sur le granit.

Spores brunes murales de 25 — 37 × 12 — 16; médulle I + bleu-violacé, foncé.

6° Var. *atrovirens* L.; FLAGEY, Fr.-Comté, p. 493; BOIST., l. c. p. 242 : MAH. et GILL., Ouest de la Corse, n° 193.

Lac Nino. En mélange sur roche granitique humide. Sur quartzite : murs de Calacuccia.

*7° Var. *concavum* MAHEU et GILLET (var. *nov.*).

Sur quartzite (roche ombragée et humide), non loin du Golo.

Notre plante a un *facies* différent des variétés précédentes, par son thalle vert-jaune, plus ou moins sombre et à surface inégale ; l'hypothalle noir le limite çà et là.

Aréoles *concaves*, plus foncées, brunies, dans les dépressions, avec les bords jaune pâle et lisses, anguleuses, très serrées, variant généralement de 0,5 à 1 mill. mais souvent plus grandes et *lobées* atteignant deux millimètres, I + bleu-violacé foncé et persistant.

Apothécies très petites, de 0,2 à 0,4 millim. de diamètre, noirâtres, mates, insérées dans les aréoles ou sur leurs bords, plates jusqu'à la fin ; hymenium I + bleu intense : K — ; N —.

Spores par huit dans les thèques, d'abord triseptées, avec cloisons épaisses, puis murales, avec une ou deux cloisons longitudinales minces, brun-noir ou noires, oblongues, parfois pyriformes, entourées d'un halo visible après éclaircissement de la préparation par la potasse, mesurant $23 - 33 \times 10 - 14^{mus}$.

Spermaties droites de $6 - 7 \times 0,5^{mus}$.

NOTE. — Sur un fragment de roche d'origine volcanique et formant comme une ceinture à la var. *contiguum* citée plus haut, on peut voir, bien caractérisée, une *arborisation* de teinte brun-cuivré, luisante, se détachant sur fond noir, uni, également luisant.

*263. — **Rhizocarpon viridiatrum** (FLK.), Krb., Syst. p. 262 ; JATTA, Syll. italic., p. 432. = *R. geographicum* var. *viridiatrum* (FLK.), Nyl., in-flora 1881, p. 533 et Lich. Paris, p. 102.

Sur granulite.

Cette espèce se distingue de *petræum* par son thalle vert-jaune, verruqueux, aréolé et par ses apothécies convexes, d'après Jatta.

*264. — **Rhizocarpon leptolepis** Anzi., Com. soc. cr. it. I, 158 ; JATTA, Syll. Italic., p. 428 (Diplotomma S.-G., Rhizocarpon). = *Rhizocarpon amphibium* KRB., Syst. 264.

Environs de Calacuccia, versant Est, sur les pierres quartzeuses des murs.

Espèce nouvelle pour la France.

Thalle composé d'*écailles très petites, minces*, arrondies, un peu concaves, d'un cendré-roux, à marge blanchâtre, entourées par l'hypothalle noir, I — ; K + rouge (lentement).

Apothécies sessiles, entre les compartiments, de 0,3 à 0,8 mill., noires, nues, planes, à bord mince persistant. Epithecium et hypothecium noirs ou brun-noir ; thecium haut de 120 à 130^{mus}. Spores d'abord hyalines, puis simplement brunies, à 3 cloisons transversales, recoupées dans les deux loges médianes, constituant ainsi 6 (8) cellules sphériques, débordant par leur convexité sur les parois, de 29 — 32 × 12 — 15^{mus}. un peu moindres que dans le type : 34 — 36 × 15 — 20^{mus}, Jatta, l. c. — par huit dans des thèques de 100 — 115 × 25 — 28^{mus}.

265. — Rhizocarpon petræum (FLW.), Nyl. Lich. Scand., p. 233 ; JATTA (*Diplotomma*), Syl., italic., p. 429 ; MAH. et GILL., Ouest de la Corse, n° 189.

Sur les roches granitiques et sur roche diabasique, notamment au bord du Golo.

***Var.**, *albicans* (FLW,) Krb. Syst., p. 260 ; JATTA, loc. cit.

Sur les roches quartzeuses, au lac Nino.

266. — Rhizocarpon lavatum ACH., Nyl., in-Flora 1873, p. 23 ; FLAGEY. Lich. d'Algérie, p. 80 ; HUE., Add., Lich. d'Europe, pp. 216 et 218 ; MAH. et GILL., Ouest de la Corse, n° 190.

Sur roches siliceuses, rives du Golo.

267. — Rhizocarpon distinctum Th. FR., Scand., p. 625 ; FLAGEY, Fr.-Comté, p. 496, Algérie, p. 809 ; BOISTEL, Nouv. Flore des Lich., IIe partie, p. 239 ; MAH. et GILL., Ouest de la Corse, n° 191. = *Lecidea distincta* HUE., Lich. d'Aix-les-Bains, p. 36. = *Diplotomma (Rhizocarpon) atroalbum* (Ach.), JATTA, Syll. Italic., p. 427 ; DE CROZ., Vizzav., p. 63.

Sur un mur (quartzite) à Calacuccia (versant Est), près de la ligne de faîte, et roches siliceuses, près du Golo.

Médulle I + bleu ; spores hyalines, puis un peu brunies, de 23 — 31 × 12 — 13^{mus}, à 6-7 loges.

****268. — Rhizocarpon obscuratum** (ACH.). Krb., Syst. 264 ; JATTA, Syll., p. 428 (Diplotomma) ; BOISTEL, IIe partie, p. 241 ; DE CROZ., Vizz., p. 53.

Roche granitique, rives du fleuve Golo.

Thalle cendré-brunâtre, aréoles petites, anguleuses, planes ; hypothalle noir entre les aréoles, continu au pourtour et limitant le thalle.

Apothécies innées, reposant sur l'hypothalle, planes, à disque noir, nu, à marge assez mince, persistante.

Spores murales, d'abord incolores, à 3-7 cloisons transversales, recoupées par d'autres, de 33 à 38 × 20^{mus}; de 35 × 17^{mus}, puis devenant noires, plus allongées, de 45 — 48 × 16 — 17^{mus}, dans des thèques larges, ventrues, de 60 — 67 × 28 — 35^{mus}; halo bien visible.

Hymenium I + bleu intense persistant.

* Var. *fuscocinereum* Krplh. ; Jatta. l, c., p. 429.

Au même lieu, sur roche granitique lavée.
Spores incolores, de 37 — 48 × 20 — 22^{mus}.

** 269. — **Rhizocarpon geminatum** Th. Fr., Scand., p. 633 ; Flagey, Fr.-Comté, p. 494 ; Boistel, Nouv. Fl. des Lich., IIe partie, p. 241 ; de Croz., Vizzav., p. 53. = *Diplotomma* (*Rhizocarpon*) *geminatum* Nyl., Scand., p. 234 : Jatta, Syll., p. 430 = *Rhizocarpon Montagnei* krb, ; Jatt. l. c.

Granit et roches siliceuses, rives du fleuve Golo.
Compartiments très petits, gris lilas ou foncés K — ; K (Cl) — ; I —.

Spores par deux, ou solitaires, avec spore avortée, très murales et brunes ou noires à la fin, de 48 à 65 × 22 — 29^{mus}, entourées d'un halo large et très visible. Hymenium I + bleu intense, Epithecium K + violacé, Hypothecium + violet.

* *Var. rufulum* Maheu et Gillet, (*Var. nov.*).

Roches granitiques, vallée du Golo supérieur.
Thalle roux-fauve, fendillé-aréolé, aréoles nombreuses, pressées, moyennes, atteignant parfois un mill. de large, anguleuses, planes le plus souvent ou bombées, hypothalle noirâtre peu abondant et peu visible, K + jaunâtre ; Cl, K (Cl) — ; I —.

Apothécies aduées, puis subsessiles, longtemps concaves, puis plates, rarement convexes, à disque noir, mat, à bord assez épais, *plus pâle*, persistant; hymenium I + bleu intense, les spores jeunes jaunissant ; epithecium K + violacé.

En coupe : epithecium brun-vert, thecium incolore, hypothecium brun-roux.

Spores très grandes, d'abord claires, puis devenant d'un noir opaque, très murales, entourées d'un halo bien visible, par deux dans les thèques et mesurant 48 — 75 × 21 — 32^{mus}.

PYRÉNODÉS
ENDOCARPÉS

LX — **Endocarpon** Hedw. 1794

270. — **Endocarpon miniatum** (Ach.) Fr., L. Eur., p. 408 ;
Flagey, Fr.-Comté, V, p. 157 ; Hue, Lich. d'Aix,
p. 68 ; Jatta, Syll. Italic., p. 158 ; Maheu et Gillet,
Ouest de la Corse, n° 254 ; de Croz , Vizzav.,
p. 63.

Sur les schistes, vallée du Golo ; rochers ombragés, au bord de
l'Erco.

*1° — Var. *leptophyllum* Fr., L. E., p. 408 ; Jatta,
Syll. Italic., p. 159. = *Endocarpon leptophyllum*
Ach. ; Boistel, Nouv. Fl. des Lich., I, p. 97, II,
p. 265 (Normandie). = *End. miniatum* var. *umbilica-*
tum Schær., Spic., 59.

Sur une roche siliceuse humide, cours inférieur du Golo, associé à *Aspicilia lacustris* Nyl., et sur roches diverses.

Echantillons très réduits, quelques apothécies, spores non
vues.

*2° — Var. *complicatum* f minor Lamy ; Flagey
Fr.-Comté, V, p. 158.

Assez commun, sur des roches granitiques, quartzeuses, ou sur
quartzite, au lac Nino, rives du Golo et au bord de l'Erco.

Thalle polyphylle coriace, petit, de 5 à 15 millim. de large,
lobé-divisé inégalement, à lobes plus ou moins ascendants et souvent révolutés ; brun-rougeâtre ou brun-cendré, noircissant,
terne ; dessous peu différent comme couleur.

Echantillons stériles, les apothécies avortées donnant naissance
à de nombreuses sorédies blanchâtres, arrondies, très petites.

VERRUCARIÉS

A. — Spores par 8, hyalines, simples

LXI — **Verrucaria** Pers. 1764

*271. — **Verrucaria fuscella** Turn. ; Kœrb., Syst., p. 342 ;
Jatta, Syll. Italic., p. 508. = *Lithoicea fuscella* Mass.
Mem. 142 ; Flagey, Fr.-Comté, V, p. 174, Lich. d'Al-

gérie, p. 92. = *Endopyrenium fuscellum* (Turn.) BOISTEL, II, p. 267.

Roche granitique (humide ?), sur les rives du Golo supérieur.

***272. — Verrucaria Beltraminiana Mass. Sym., 93; JATTA, Syll. Italic., p. 506.**

Roches quartzeuses humides, près du Golo supérieur, et sur les schistes.

Espèce nouvelle pour la France et l'Algérie.

Thalle cartilagineux, mince aux bords et subcontinu, un peu plus épais au centre et très finement fendillé-aréolé, formant sur la pierre des taches séparées de 2-4 centim. de large; rugueux, plissé-verruqueux, inégal, lilas-violacé, ou violacé plus ou moins sombre ou bruni ; devient jaunâtre étant humecté.

Apothécies minimes, une à trois par compartiment, noires, peu proéminentes, peu nombreuses, parfois confluentes et en lignes, à pore ouvert à la fin.

Spores oblongues ou ellipsoïdes mesurant dans le premier cas $18 — 21 \times 7 — 10^{mm}$, dans le second $14 — 16 \times 7 — 8^{mm}$; paraphyses nulles, hymenium $I +$ rouge-vineux.

***273. — Verrucaria prærupta Anzi An., 20; JATTA, Syll. Italic., p. 509.**

« *Sur les roches calcaires des Alpes ; spores mesurant 13 — 16* « $\times 7 — 9^{mm}$. » Jatta.

Var. schistosa MAHEU et GILLET (*Var. nov.*).

Sur les schistes et sur micaschiste lavé.

Espèce voisine des variétés à thalle brun du *V. nigrescens*, en différant surtout par son thalle interrompu et laissant la roche à découvert çà et là, formant des ilots irréguliers, plus ou moins découpés ou déchiquetés « ... *in insulas isthmos et peninsulas* « *effusis interruptis...* ». Jatta.

Thalle brun-roussâtre ou brun plus foncé, peu épais, très finement aréolé ; aréoles petites, pressées, planes, anguleuses, ne changeant pas de couleur par l'humidité.

Apothécies petites, de 0,1 à 0,3 millim. de diamètre, légèrement scabres, à demi-immergées, et à la fin concaves-ombiliquées.

Spores subellipsoïdes, parfois un peu atténuées à un bout, hyalines, mais contenant souvent de gros granules oléagineux jaunâtre-pâle, plus grandes que dans le type, de $16 — 22 \times 7 — 11^{mm}$, exceptionnellement 26×11^{mm}; paraphyses nulles, hymenium $I +$ rouge-vineux.

Notre variété ne diffère du type que par son habitat silicicole et par la grandeur de ses spores ; thalle un peu moins interrompu et entrecoupé d'ilots et d'écueils.

Plante nouvelle pour la France et l'Algérie quant au type.

*274. — **Verrucaria lecideoides** HEP., Fl. E., 682 ; BOISTEL, II, p. 282 ; JATTA, Syll. Italic., p. 510. = *Lithoicea sp.* J. MULL., Class., p. 415. = *Thrombium sp.* Mass. Rich., 1852, p. 157.

Var. *minuta* Mass. l. c. ; FLAGEY, Algérie, p. 91 ; JATTA, l. c., p. 511.

Sur une roche siliceuse.

Thalle brun sale obscur, très peu aréolé, tartreux. Apothécies petites, de 0,5 mm. de diamètre, brun-noir, affaissées en coupe à la maturité et ayant l'aspect lécidéin. Paraphyses lâches, capillaires, très ténues, au demeurant peu visibles. Hymenium, I + rouge-vineux, puis d'un bleu-vert. Spores simples, hyalines, de 18 — 21 × 8 — 13^{mus}, par huit dans des thèques claviformes, de 70 — 90 × 23 — 26^{mms}.

275. — **Verrucaria nigrescens Pers. ; HUE, Aix-les-Bains, p. 42 ; BOISTEL, IIe, p. 285 ; de CROZ., Vizzav., p. 63. = *V. fuscoatra* (Walr.) Krb., Syst., p. 341 ; JATTA, Syll. Italic., p. 509 = *Lithoicea nigrescens* Mass. ; FLAGEY, Fr.-Comté, p. 175. = *Pyrenula catalepta* Schær., En , 211.

* 1° — Var. *controversa* Mass. Ric., 177 ; JATTA, Syll. Italic., p. 509. = *Lithoicea controversa* Mass., l. c. = *Lithoicea macrostoma* v. *controversa* FLAGEY, Fr.-Comté, V, p. 171.

Sur les roches granitiques, lit desséché de l'Erco, sur les pierres quartzeuses d'un mur, à Calacuccia ; roches quartzeuses humides, sur les bords du Golo.

* 2° — Var. *Virescens* (Auzi) Garov. Tent., 31 ; JATTA, l. c., p. 510. — *Lithoicea Funcki* Mass.

Roches quartzeuses souvent humides.

Spores de 15 — 20 × 6 — 10^{mus}. Spermaties en bâtonnets, droites, de 8 — 13 × 1^{mus}. Médulle blanche.

* 3° — Var. *pseudocatalepta* Garov. 1865 ; JATTA, l. c., p. 510.

Rives du Golo, sur des roches granitico-quartzeuses lavées.

Spores un peu plus allongées 17 — 24 × 7 — 10^{mus}.

Le thalle est brun-obscur et non olivâtre-bruni ; humide, il devient brun-jaune. Gonidies grandes, jaunâtres. Médulle simplement pâle. Hymenium I + rouge-vineux, les spores devenant jaunes.

*4° — Var. *umbrina* Garov. Tent., 30 ; HUE, Lich. d'Aix-les-Bains, p. 43 ; JATTA, l. c., p. 509.

Sur les roches granitiques, rives du Golo.

Thalle brun, ou brun-noir, ou brun-clair par places, parcouru çà et là et comme limité par l'hypothalle noir ; par l'humidité, il devient jaune. Aréoles fructifères arrondies, planes, deux ou trois fois plus grandes que les autres, au demeurant petites, et toutes très serrées, ne se distinguant qu'à la loupe.

Spores oblongues, simples, hyalines, mesurant 17 — 25 × 7 — 9^{mus} ou elliptiques, de 20 — 25 × 10 — 13^{mus}, I + jaune ; Hymenium I + rouge-vineux.

*276. — **Verrucaria fusconigrescens** Nyl., Pyr.-Or., p. 12 et Lich. Environs de Paris, supp., p. 10 ; BOIST., Nouv. Fl. Lichens, II, p. 286. = *Lithoicca fusconigrescens*, FLAGEY, Lich. d'Algérie, p. 93 (sur cailloux roulés siliceux du terrain lacustre).

Sur une roche granitique, dans le lit du torrent l'Erco, affluent de gauche du Golo ; sur micaschiste souvent lavé.

Thalle brun-noirâtre, formant des taches limitées sur la pierre, mince, continu ou très peu fendillé, mat, ne changeant pas de couleur étant humecté.

Apothécies petites, assez proéminentes à perithecium noir ; paraphyses nulles, hymenium I + rouge-vineux foncé, spores I + jaune ; spores oblongues mesurant 14 — 26 × 6 — 10^{mus}.

*277. — **Verrucaria scotina** Wedd., Ile d'Yeu, 1874, p. 298 ; BOISTEL, IIe partie, p. 286.

Roche granitique irriguée, au bord du Golo.

Notre échantillon, très réduit, nous a servi à déterminer cette plante suivant Boistel, l. c. qui, d'après le créateur de l'espèce, en donne la description résumée suivante, page 272 :

« Thalle scabre, continu ou fendillé seulement par places, « *brun noir* ou *d'ombre* ; assez mince ; fructifications saillantes, « en cône ou en demi-sphère. »

Et page 286, il ajoute : « Perithecium tout noir ; spores 10 — 17 × 5 — 9^{mus}, très obtuses aux deux bouts. »

Ces données succinctes nous semblent assez bien correspondre à la diagnose de Jatta, Sylloge italicorum p. 512, pour *Verrucaria apomelæna* Mass. Sym. 89 (1855). Nous y rapportons d'ailleurs de nouveaux exemplaires plus complets provenant du ruisseau d'Erco. En cas de synonymie, elle serait en faveur de la plante de Massalongo, comme priorité (1855).

***278. — Verrucaria apomelæna** Mass. Sym., 89 (1855) ; Jatta, Syll. Italic., 1900, p. 512.

Roches granitiques irriguées, lit du ruisseau d'Erco.

« Thallus cartilagineo-effusus ruguloso-contiguus sordide « fumoso-fuscescens, subtus pallidior, humectus niger et vix « viridulus. Apothecia confluentia conoidea prominula basi « thallo vestita pertusa. Sporæ ellipticæ tantummodo luteolæ, « lng. 0,012-0,019 mm., lt. 0,009 mm. » (Jatta).

Nos spores sont un peu plus grandes : libres, elles mesurent 16 — 23 × 9 — 12^{mus} très obtuses aux deux bouts, contenant, étant jeunes, un gros globule graisseux, jaunâtre, avec l'épispore peu visible sans coloration.

Dans une coupe, nous avons pu observer quelques paraphyses très ténues. Par l'iode, l'hymenium bleuit, puis se colore en rouge-vineux. Perithecium entier, brun-noir ; apothécies 0,5 mm. de diamètre.

Thalle visiblement scabre, épaissi parfois et fendillé sous l'action de l'eau.

***279. — Verrucaria maura** Wahl., Ach., supp. 18 ; Nyl., Pyr.-Or., p. 22 ; Boist., Nouv. Fl. des Lich., II, p. 284 ; Jatta, Syll. Italic., p. 512. = *Lithoicea maura* Flagey, Algérie, p. 94, sur des grès.

Cours du Golo, sur des roches granitico-quartzeuses immergées, et dans le lit desséché de l'Erco.

Spores ovales, souvent rétrécies à un bout, de 14 — 21 × 5 — 8^{mus}.

* — Var. *memmonia* Flot. ; Weddel, Ile d'Yeu, p. 320 ; Boist., l. c., p. 284.

Roche siliceuse irriguée, ruisseau d'Erco.

Thalle le plus souvent noir, parfois brun-noir, subcartilagineux, mat, opaque, uni, puis légèrement fendillé par places ou presque aréolé, un peu élevé autour des apothécies ; celles-ci petites, 0,3-0,4 mm., hémisphériques, à perithecium noir entier, souvent ouvertes au sommet par 3-5 fentes.

Spores simples, hyalines, souvent atténuées à un bout, oblongues, de 12 — 20 × 4 — 7^{mus} ; paraphyses nulles, hymenium I + bleuâtre, puis rouge-vineux, les thèques et les spores devenant jaunes.

***280. — Verrucaria margacea** Wahlb. ; Fr., L. E., p. 440 ; Nyl., Pyr., p. 25 ; Flagey, Fr.-Comté, V, p. 184 ;

Boistel, Nouv. Fl. Lich., II, p. 284 ; Jatta, Syll. Italic., p. 513.

Sur une roche siliceuse (granitoïde) humide.

Thalle brun, un peu roux, continu, puis très légèrement fendillé par places, peu épais.

Apothécies moyennes subincluses dans des protubérances thallines (bien visibles étant humectées, gonflées par l'humidité), devenant convexes, à ostiole noir percé à la fin ; paraphyses nulles, hymenium I + rouge-vineux ; spores simples, hyalines, oblongues-ellipsoïdes, contenant un gros globule oléagineux, mesurant $23 - 31 \times 13 - 17^{mus}$, par huit dans des thèques ovoïdales de 78×38^{mus}, au maximum.

***281. — Verrucaria æthiobola** Ach., Univ., 292 ; Jatta, Syll. Italic., p. 514. = *V. margacea* var. *æthiobola* Hepp. ; Flagey, Fr.-Comté, V, p. 185 ; Hue, Canisy, p. 114 ; Boistel, II, p. 284.

Sur de petites pierres siliceuses roulées et lavées, cours supérieur du Golo.

Thalle vert-olivâtre, lisse, continu, mince, parfois nul. Spores simples, de $18 \quad 30 \times 7 - 10^{mus}$. Paraphyses nulles ; Hymenium I — rouge-vineux ; Perithecium noir, entier.

Par ses spores, plus longues que dans le type, cette plante rappelle le *Verrucaria devergescens* Nyl., et par l'absence de thalle, la forme *acrotella* Ach.

****282. — Verrucaria hydrela** Ach., Syn., 94 ; Jatta, Syll. Ital., p. 512. = *V. margacea* var. *hydrela* Hepp. ; Flagey, Fr.-Comté, V, p. 185 ; Boist., Nouv. Fl. des Lich., II, p. 285. = *V. eleomelæna* Mass. in litt. ad Arnold ; de Croz., Vizzav., p. 63.

Fragment d'écorce immergée et pétrifiée, sur le bord du Golo.

Notre exemplaire est complètement pétrifié sur tout son pourtour, dur et imprégné de cristaux de nature siliceuse (N —).

Thalle vert sombre, devenant par places d'un brun presque noir, d'aspect gélatineux, lisse, un peu luisant, indéterminé, épais de 1 à 2 mm. d'épaisseur, *stérile*.

***283. — Verrucaria mauroides** Schær., Spic., 1883, p. 335 ; Mass. Ric., p. 178 ; Boistel, Nouv. Fl. des Lich., II, p. 285. = *Lithoicea sp.* (Arn.) ; Flagey, Fr.-Comté, V, p. 177. = *Verrucaria elæina* Borr. 1839 ; Krb. 1860 ; Jatta, Syll. Italic., 1900, p. 515.

Roche granitique lavée, lit d'un torrent, affluent du Golo.

Thalle humide muqueux-gélatineux, tirant sur le jaune-verdâtre, devenant à l'état sec d'un brun-jaunâtre, olivâtre par places, ou même décoloré par le contact de l'eau, luisant dans les parties lisses, contigu ou finement rimuleux-aréolé.

Apothécies petites, naissant sur le thalle, peu immergées, puis subsessiles, luisantes, avec un ostiole papilleux, souvent ouvert à la fin ; paraphyses invisibles, hymenium I + rouge-vineux.

Spores hyalines, simples, en moyenne trois fois plus longues que larges, mesurant 15 — 23 × 6 — 7^{mus}. souvent un peu atténuées à un bout, longuement elliptiques, par huit dans les thèques de 50 × 22^{mus}.

***284. — Verrucaria Harrimanni** Ach. L. U., p. 284 ; Krb. Prg., 281 ; Jatta, Syll. Italic., p. 516.

Lac Nino, sur grès ferrugineux et pierres quartzeuses.

La description succincte, moins les spores non vues, donnée par Jatta, l. c., correspond assez bien à notre diagnose. Nous rapportons donc nos échantillons à cette espèce, *nouvelle pour la France.*

Thalle brun-obscur, cendré par places ou tirant sur le noir par suite de l'hypothalle visible par endroits ou limitant le thalle, noir ou brun foncé ; lisse, mat, cartilagineux, continu ou à contour effiguré (sur le grès), I + jaune ; sombre à l'intérieur, cortiqué et, dans toute son épaisseur, paraissant celluleux, les hyphes épais, contigus, cloisonnés, donnant l'apparence d'un plectenchyme serré ; épais de 0,13 à 0,17 mm. ; le cortex brun mesurant 10^{mus}, la couche gonidiale environ 60^{mus}, gonidies jaunes de 6-9^{mus} de diamètre.

Apothécies très petites 0,15 à 0,20 mm. de large, noires, sphériques, incluses dans l'épaisseur du thalle, puis saillantes, nombreuses, souvent confluentes, arrondies au sommet, puis tardivement aplanies et ouvertes, perithecium entier.

Spores simples, hyalines, oblongues dans les thèques où elles sont agglutinées et difficiles à dissocier, mesurant alors 15 — 20 × 8 — 9^{mus}, ou, étant libres, ovoïdales, mais rares, de 22 — 25 × 11 × 15^{mus}, par huit dans des thèques allongées-ventrues ; paraphyses nulles, hymenium I + rouge-vineux ; dans une apothécie nous avons constaté hymenium I + bleuâtre, puis rouge-vineux, puis, après lavage, bleu persistant.

Flagey, dans ses Lichens de Franche-Comté, V, p. 182, donne bien *V. Harrimanni* Schær. comme synonyme de *V. cinereo rufa* Schær., pour une plante récoltée en Suisse, au pied du Salève, mais sur plusieurs points importants, il ne nous semble pas qu'il y ait une réelle similitude avec la nôtre.

*** 285. — Verrucaria castaneorubra** Maheu et Gillet, (*Spec. nov*).

Sur roche quartzeuse, vallée supérieure du Golo.

Thalle uniformément d'un beau *brun-rouge*, continu, lisse, luisant, cartilagineux, le plus souvent rose en dedans, parfois blanc, de 0,2 à 0,3 mm. d'épaisseur, aminci sur les bords et se fondant avec le support ; cortiqué et paraissant celluleux dans toute son épaisseur, comme dans *V. Harrimanni*, à cortex brun-rouge, de 10 à 15^{mus} et à couche gonidiale très dense, de 50^{mus}, avec de nombreuses gonidies jaunâtres, petites, de 3 à 6^{mus} de diamètre, pressées le long des hyphes en lignes subparallèles et verticales, K + jaunâtre ; hypothalle pâle, quand il existe.

Apothécies petites, 0,15, 0,20 mm. de large, nombreuses, un peu espacées, noires, sphériques, à perithecium noir, subentier, immergées dans de légères protubérances thallines, puis saillantes, déprimées-ombiliquées, bientôt percées. Paraphyses nulles. L'iode colore le thecium en rouge-vineux, l'hypothecium en bleu-verdâtre faible, les spores en jaune.

Spores simples, hyalines, oblongo-ovoïdaes souvent asymétriques, mesurant 17 — 25 × 9 — 11^{mus}.

Cette espèce nouvelle prend place entre *V. corticata* Anzi ; Jatta, Sylloge Italicorum, p. 516, à thalle *isabelle* (café au lait), à spores de 20 × 7 — 9^{mus} et *V. Harrimanni*, à thalle *ombré*, *brun-cendré* ou *brun-noir*, à spores libres plus grandes.

Dans ces trois espèces, le thalle continu et cartilagineux offre une structure anatomique à peu près similaire.

*** 286. — Verrucaria pulicaris** Mass. Misc., 28 ; Jatta, Syll. Italic., p. 520.

Sur une roche schisteuse, cours supérieur du Golo.

*** 287. — Verrucaria persicina** Hepp. ; J. Muller, Class., p. 416 ; Flagey, Lich. de Fr.-Comté, p. 183, (environs de Genève, sur calcaire).

(Non *Sagedia persicina* Kærb., à une cloison.)

Sur les schistes, échantillons très réduits.

Thalle tartareux, mince, peu étendu, uni ou légèrement fendillé-aréolé, cendré-brunâtre ou un peu roux, sans changement étant humecté.

Apothécies petites, de 0,2 à 0,3 mill. de diamètre, noires, mates, subglobuleuses, puis déprimées ; paraphyses nulles, hymenium I + rouge-vineux faible. Spores oblongo-ovoïdales, simples, hya-

lines ou parfois à contenu légèrement jaunâtre, mesurant 10 —
17 (19) × 3,5 — 5 (6)^{mus}, par huit dans des thèques renflées au
sommet de 45 × 20 ou 50 × 27^{mus}.

Cette description pourrait s'appliquer à *Verrucaria anceps*
Krplh. — Jatta, Syll. italic. p. 520, qui croit également sur les
schistes, sauf pour les spores qui, dans cette dernière espèce, sont
notablement plus grandes et qui mesurent 14 — 24 × 6 — 8^{mus}.

LXII — **Endopyrenium** Fw. 1848

*288. — **Endopyrenium dedalæum** (Krplh.) Krb., Syst.,
p. 324 ; JATTA, Syll. Italic , p. 501. = *Sagedia cinerea*
FR., L. Eur., 413. = *Endocarpon psoromoïdes* Schær.,
En., p. 214. = *Endopyrenium tephroïdes* (Ach.),
BOIST., IIᵉ partie, p. 267.

Sur la terre moussue.

Spores simples, ellipsoïdales, atténuées à une extrémité, de 16
— 21 × 6 — 8^{mus} ; quelques paraphyses visibles, globuleuses au
sommet ; gélatine hyméniale I —.

*289. — **Endopyrenium crassum** (Mass.) = *Verrucaria*
(*Endopyrenium*) *crassa* Anzi, Symb., 23 ; JATTA,
Syll. Italic., p. 502. = *Verrucaria crustulosa* Nyl., in
LAMY, Catalogue des Lich. du Mont-Dore et de la
Haute-Vienne, 157 ; BOIST., Nouv. Fl. des Lich., II,
p. 283.

Sur une roche quartzeuse.

B. — Spores à 1 ou 3 cloisons, elliptiques, hyalines

LXIII — **Arthopyrenia** Mass. 1854

*290. — **Arthopyrenia analepta** Ach. Meth., 119 ; JATTA,
Syll. Italic., p. 527.

Var. *atomaria* Hep., JATTA, l. c. = *Verrucaria epi-
dermidis* var. *atomaria* Garov. Tent., 82. = *Arthopyrenia atomaria* Hepp. ; ARNOLD, Jur., p. 273 ; FLAGEY,
L. d'Alg., p. 100. = *Verrucaria punctiformis* var.
atomaria Schær. : HUE, Lich. d'Aix, p. 49, et Envir.
de Paris, n° 308.

Sur les châtaigniers, près du lac Nino.

Thalle hypophléode mince, formant des taches cendrées, plus
ou moins roussâtres ou brunes, luisantes. Apothécies très petites,

émergentes, noires, souvent groupées ; paraphyses petites, subrameuses, peu visibles ; hymenium I —, contenu des thèques jeunes I + jaune ; spores toujours uniseptées, hyalines, mesurant 15 — 20 × 4 — 6^{mus}, par huit dans des thèques ovales-ventrues de 50 — 60 × 18 — 23^{mus}.

C. — Spores à 3 cloisons, ou plus, hyalines, fusiformes

LXIV — **Sagedia** Ach. 1810

*291. — **Sagedia macularis** (Wallr.) Krb., Syst., 363 ; Jatta, Syll. Italic., p. 550. = *Verrucaria macularis* Wallr., Comp., 301.

Sur des roches siliceuses humides.

Espèce nouvelle pour la France.

Thalle mince subcartilagineux, à cortex celluleux, brun-verdâtre ou brun-noir, quelque peu gélatineux, uni, lisse généralement, parfois fendillé au centre des macules par l'effet de l'humidité, sans être cependant aréolé, médulle I + jaune.

Apothécies petites, noires, mates ou luisantes parfois, hémisphériques, assez saillantes, ostiole ouvert irrégulièrement à la fin. Hymenium I + rouge-vineux, les spores devenant jaunes.

Spores fusiformes, hyalines, d'abord à une cloison, puis triseptées, mesurant 14 — 25 × 1 — 5,5^{mus}, exceptionnellement 6^{mus}, par huit dans des thèques subcylindriques de 55 — 60 × 12 — 13^{mus}. Paraphyses capillaires, de 1 à 1,5^{mus} d'épaisseur, flexueuses, rares et noyées dans la gélatine hyméniale et difficiles, par leur ténuité, à apercevoir.

Notre plante, par son thalle d'apparence générale très foncée ou même noire, se rapproche de *Arthopyrenia maculosa* Nyl. Add. 1786 ; Boistel, II, p. 278, mais les spores de cette dernière espèce sont plus longues et plus étroites : 24 — 30 × 3^{mus}.

D. — Spores grandes, brunes, murales

1° Une ou deux spores par thèque

LXV — **Dermatocarpon** Eschw. 1824

292. — **Dermatocarpon Garovaglii** Mass., Mém., p. 141 ; Flagey, Fr.-Comté, V, p. 164 ; Jatta, Syll. Italic., p. 562 ; Mah. et Gill., Ouest de la Corse, n° 291. = *Endocarpon sp.* Nyl. = *Endopyrenium sp.* Boistel, II, p. 268. = *Dermatocarpon pusillum* Arn. ; Flagey, Lich. d'Algérie, p. 90.

Sur roche quartzeuse quelque peu moussue, lit de l'Erco.

Norrlin a récolté, à Vizzavona, cette espèce qu'il indique également comme saxicole, Nylander, Flora n° 29, 1878. Dans notre précédente étude, sur l'Ouest de la Corse, nous l'avons signalée sous le n° 291.

***293. — Dermatocarpon glomeruliferum** Mass., Mem., 141. = *Polyblastia* (*Dermatocarpon*) *glomerulifera* Mass. ; JATTA, Syll. Italic., p. 562. = *Leigthonia pusilla* var. *glomerulifera* Garov.

Espèce nouvelle pour la France.

Sur la terre et sur une pierre friable silico-calcaire contenant quelques paillettes de mica, en terrain humide.

Spores par deux, ovales-oblongues, murales, à peine brunies, mesurant $32 - 50 \times 14 - 16^{mus}$, peu fréquentes. Hymenium I —.

***294. — Dermatocarpon pulvinatum** Th. FR., Arct. 257 ; JATTA, Syll. Italic., p. 562. = *Polyblastia* (*Dermatocarpon*) *pulvinata Jatta*. = *Dermatocarpon pusillum* var. *adscendens Anzi*.

Sur les mousses des roches.

2° Spores par 4 ou 8 par thèque

LXVI — Polyblastia Mass. 1854

***295. — Polyblastia spadicea** Krb., Syst. 338 ; JATTA, Syll. Italic., p. 563 (S. G. *dermatocarpon*). = *Stigmatomma sp*. Krb., l. c.

Environs de Calacuccia, sur les pierres quartzeuses des murs.

Non signalé en France, ni en Algérie.

Thalle finement aréolé ; aréoles verruqueuses, d'un brun-sombre, même à l'état humide.

Apothécies petites, brunâtres, émergeant de chaque verrue thalline, à ostiole papilleux.

Spores grandes, murales, ellipsoïdes, jaunâtres au début, puis brunies légèrement, par deux, rarement par une, dans des thèques d'environ 68×22^{mus}, et mesurant $30 - 45 \times 14 - 17^{mus}$. Paraphyses nulles.

L'iode colore la gélatine hyméniale et les thèques en bleu clair.

***296. — Polyblastia subumbrina** Nyl. ; HARM., Lich.

Lorr., p. 475 ; Boist., Nouv. Fl. des Lich., II, p. 292.

Sur une roche granitique souvent inondée, au bord de l'Erco.

Thalle brun-olivâtre, devenant vert ou vert-rougeâtre étant mouillé, mince, un peu luisant, ou à surface inégale, non aréolé.

Apothécies grandes, élevées-coniques, noires et percées au sommet, à perithecium brun, dans des verrues qui les enveloppent à la base, hymenium I + jaunâtre, ou saumon faible, paraphyses minces, plus visibles avec une goutte de potasse.

Spores devenant très brunes, ou même brun-noir, murales, grandes, mesurant jusqu'à $48 - 55 \times 25 - 27^{mus}$, parfois sub-globuleuses, par deux dans les thèques.

***297. — Polyblastia catalepta** Ach., Syn., 120 ; Jatta, Syll. Italic., p. 563. = *Pyrenula catalepta* Ach., l. c. = *Stigmatomma clopimoides* Bgl. et Crst., An., 321.

Sur des roches lavées, granitico-quartzeuses, au bord du Golo, formant une tache plus foncée au milieu de divers *Verrucaria*.

Il ne nous semble pas que cette espèce ait été signalée, sous ce nom, en France ni en Algérie.

Thalle brun-noir, assez épais, devenant brun-verdâtre par l'humidité, à aréoles petites, pressées, anguleuses.

Apothécies moyennes, sortant d'une protubérance thalline, l'ostiole noir seul visible, mat, à pore non ouvert dans nos échantillons.

Spores subhyalines, puis brunies, devenant très murales, mesurant $32 - 48 (50) \times 11 - 20^{mus}$, par deux dans les thèques, hymenium I + rouge-vineux léger, puis bleu-clair après lavage, les spores étant colorées en jaune ; paraphyses nulles.

***298. — Polyblastia fissa** Tayl., in Mack., Fl. Hyb., 95, Jatta, Syll. Italic., p. 564. = *Verrucaria fissa* Garov. Tent., 151.

Sur les roches granitiques lavées au fond d'un torrent, l'Erco, et dans les mêmes conditions d'habitat, de forme et d'association que l'espèce précédente.

Thalle mince, ferme, uni et continu, sauf quelques légères fissures vers le centre, brun un peu ombré, avec, à peine, de rares et courtes lignes hypothallines brun-noir.

Apothécies petites coniques-tronquées, le thalle relevé tout autour leur faisant comme une couronne, à ostiolle saillant, noir, parfois luisant, ouvert et déprimé à la fin.

Spores par deux, subhyalines, murales, majeures, mesurant $35 - 52 \times 15 - 21^{mus}$.

Hymenium et spores I + jaune, paraphyses nulles.

Non signalé en France, ni en Algérie.

CROCYNIÉS Hue

LXVII — Genre **Crocynia** Mass. = **Lepraria** Ach.

299. — **Crocynia lanuginosa Hue. *Lichenum crocyniæ*,
Soc. Bot. de Fr., 1924; de Croz., Vizzav., p. 65.
= *Amphiloma lanuginosum* Ach. = *Leproloma sp.*
Nyl., H. A., 263; Hue, Lich. d'Aix-les-Bains, p. 69;
Boistel, Nouv. Fl. des Lich., II, p. 318.

Dans son bulletin de mars-avril 1924, pages 311 à 402, la
Société Botanique de France a publié un long et intéressant
mémoire, « Monographia Crocyniarum », par l'abbé Hue.

Ce travail revu et complété par M. le Docteur Bouly de Les-
dain, de Dunkerque, n'a vu le jour qu'après le décès de
l'auteur.

Le genre nouveau *Crocynia* comprend les anciens genres *Lepra*,
Lepraria, *Leproloma*, *Amphiloma* pr. p.

Sur les troncs moussus, les mousses, le long de l'Erco.

*300. — **Crocynia** (groupe *lanuginosa*). = *Lepraria farinosa*
Ach. Lich. Univ. et Syn. Lich., Boistel, Nouv. Fl.
des Lich., II, p. 319. — (Sens large.)

Sur l'écorce des sapins.

CONCLUSIONS

La Flore lichénologique de Corse, dans notre premier travail de l'*Ouest*, en 1914, se composait, tant en espèces qu'en variétés bien tranchées, de 405 plantes distinctes, auxquelles il convient d'en ajouter 109 (dont deux espèces nouvelles), signalées par M. André de Crozals et provenant de la région de Vizzavona (1923). Sur ce nombre, nous en indiquons nous-mêmes aujourd'hui vingt-quatre qui sont précédées du signe **.

En dehors de ces dernières, nous signalons par un seul astérisque (*) 157 espèces et 93 variétés, en tout 250 plantes nouvelles pour la Corse, ce qui porte à sept cent soixante-quatre (764) le nombre total des Lichens différents qui ont été récoltés et étudiés, à ce jour, en Corse.

Il y a lieu de mentionner que dans la liste qui précède, nous avons décrit *cinq espèces* et *six variétés*, **nouvelles pour la Science.**

Vingt-quatre espèces et un certain nombre de variétés n'ont pas été, à ce jour, découvertes en France. On s'en rendra compte aisément par l'examen de la bibliographie.

Les 300 espèces et leurs nombreuses variétés ou formes, au nombre de 130, au total 430, que nous signalons dans ce travail, pour une faible partie seulement de la *région Est de la Corse*, sont distribuées en 67 genres.

ERRATA

Dans les Lichens de l'*Ouest* de la Corse (1914), n° 95, *Squamaria carphinea*, la description est à supprimer.

Elle s'applique à une autre plante, et c'est par une erreur de classement de fiches, qu'elle figure sous ce numéro d'ordre.

Par suite d'une erreur typographique au numéro 194, il y a lieu de rectifier comme suit :

Pertusaria Wulfeni D. C., etc. (sans localité).

1° *Var. rupicola* Nyl., etc.

> Sur roches quartzeuses, rives du Golo : sur roches granitiques, rives du ruisseau Erco.

2° *Forma corallidea* (Anzi) etc.

> Commun sur les roches granitiques ou siliceuses, au bord de l'Erco et du Golo.

> Spores par huit, mesurant 75—95 × 30—47 mus.

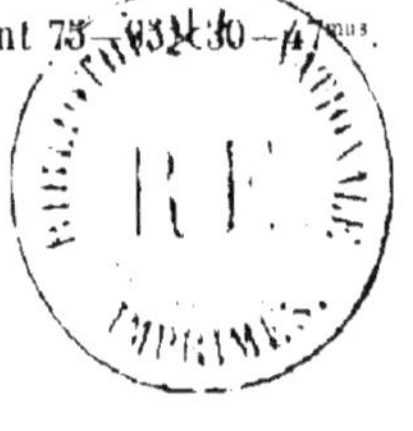

TABLEAU DES GENRES

CONTENUS DANS CE TRAVAIL

TABLE ALPHABÉTIQUE

DES

NOMS SPÉCIFIQUES

Espèces, Variétés, Formes

(Les synonymes sont en italique)

DIJON — IMPRIMERIE VEUVE PAUL BERTHIER